SUZUKI VX 800

ab Baujahr 1990

- ⚠ – Wenn besondere Vorsicht angezeigt ist
- TIP – Wenn ein Fingerzeig gegeben wird
- – Wenn Inaugenscheinnahme erforderlich ist
- – Wenn genaues Messen erforderlich ist

Ein Wort zuvor

Lange hat SUZUKI gewartet, bis der bewährte V2 aus dem Chopper VS 750 im Normalo-Look präsentiert wurde. 1990 war es soweit und er avancierte umgehend zu einem der beliebtesten SUZUKI-Modelle. Grund dafür sind zum einen die schlichte Schönheit der VX, zum anderen auch die gediegene Technik zum mehr als akzeptablen Preis. Dabei hat sie technisch alles, was man heute zum Motorrad braucht, und zwar ohne Schnickschnack.

Geboten werden bewährte Vierventiltechnik, «gespreizte» Hubzapfen zur Vibrationsbekämpfung und Flüssigkeitskühlung.

Wartungstechnisch ist die SUZUKI ein klassisches Selberschrauber-Motorrad, die Komplettdemontage erfordert jedoch das eine oder andere Spezialwerkzeug.

In eigener Sache: Dieser Band kann keine dreijährige Mototorradmechaniker-Ausbildung ersetzen, setzt aber geübten Umgang mit Werkzeug und Materie voraus.

Einzelne Arbeitsgänge, zu deren Durchführung Sonderwerkzeuge oder umfangreicher Maschinenpark (Ventilsitzfräser, spezielle Dorne und Hülsen, Pressen) benötigt werden, die Hobbymechaniker-Verhältnisse übersteigen, werden zur Durchführung der Fach- oder SUZUKI-Werkstatt empfohlen.

Um sich und andere nicht zu gefährden, sind Arbeiten an der Bremsanlage erfahrenem Fachpersonal vorbehalten.

1 Werkzeug

Das mit der Maschine gelieferte Bordwerkzeug können wir für umfangreichere Wartungsarbeiten oder gar Motorüberholungen vergessen. Also muss passendes Qualitätswerkzeug selbst besorgt werden, mit dem der Freizeit-Mechaniker seine Maschine mit Spass bei der Arbeit in Schuss halten kann. Hier eine Aufstellung von Werkzeugen, über die der engagierte Hobby-Mechaniker verfügen sollte:

1 Gabelschlüssel (kompletter Satz ab 6/7 bis 30/32)
2 Ringschlüssel (abgekröpft, kompletter Satz ab 6/7)
3 Steckschlüssel (kompletter Satz ab 8/9 bis 20/22 und SW 30, 32, 36!)
4 Innensechskantschlüssel (kompletter Satz 2–8 mm, abgewinkelt)
5 Schraubendreher für Schlitzschrauben (ein kompletter Satz)
6 Schraubendreher für Kreuzschlitzschrauben (ein kompletter Satz)
7 Schlosserhämmer (200 g, 500 g, 1000 g)
8 Meissel (ein Satz = Meissel, Durchtreiber, Körner)
9 Stroboskoplampe (Zündungskontrolle)
10 Feilen und Ölstein (je ein Satz)
11 Flachschaber (verschiedene Klingenbreiten, im Durchschnitt 23 mm)
12 Dreikant-Schaber
13 Zangen (Kombi-, Wasserpumpen-, kleine Flachspitz-, Rundspitz-, Innen- und Aussenseegerring- und Grip-Zange)
14 Isolierter Seitenschneider
15 Schlagschraubendreher (mit Schlitz- und Kreuzschlitz-Einsätzen)
16 Knarre (komplett mit allen Einsätzen)
17 Drehmomentschlüssel (5–60 Nm / 60–300 Nm, dazu alle nötigen Werkzeuge und Nüsse)
18 Gewindeschneid-Ausrüstung (komplett mit Lehre und Schneider)
19 Helicoil-Ausrüstung
20 Elektrische Bohrmaschine (komplett mit Ausrüstung, inklusive Ständer)
21 Schraubstock
22 Werkbank

Das *könnte* genügen, aber der sichere Mann treibt die Freude noch weiter und gönnt sich noch andere gute Sachen.

23 Verschiedene Abzieher, von denen der wichtigste ein einfacher zweiarmiger ist
24 Lötlampe mit verschiedener Ausrüstung
25 Elektrische Heizplatte (ca. 25 cm Durchmesser)
26 Schiebelehre (Mess-Schieber) und Messuhr (letztere komplett mit Halter)
27 Schraubzwingen zum Festhalten von Teilen
28 Ventilfeder-Spanner
29 Kolbenring-Spannzange
30 Lötkolben (verschiedene Grössen – 30, 80, 150 Watt)
31 Für die Elektrik: Prüflampe, Ohm-Meter, Volt-Meter, Säureprüfer

Dermassen ausgerüstet, bereitet es auch keine Schwierigkeiten, sich aus den Beständen des nächstgelegenen Schrotthändlers Abzieher, Abdrücker oder Spezialdorne und -halter zu konstruieren. Nützlich ist in dem Fall auch noch ein Schleifbock. Eine Motorradhebebühne stellt ebenfalls eine nicht zu unterschätzende Arbeitserleichterung dar. Auf die Reifenmontage wird hier nicht eingegangen, da der Reifenhändler erstens die schönen Alu-Räder ihrer VX schonender behandelt, als dies bei einem Reifenwechsel in Eigenregie vonstatten geht, und er zweitens auch für die richtige Auswuchtung (dynamisch) zuständig ist.

2 Störungssuche

SUZUKIs VX 800 darf als ausgereiftes Motorrad gelten, denn der Motor hat seine Bewährungsprobe nicht nur in der Fachpresse, sondern auch in Kundenhand bestanden. Störungen sind also nicht zu erwarten, kommen aber natürlich dennoch gelegentlich vor.
Die folgende Liste soll helfen, Fehler zu lokalisieren.

2.1 Schmiersystem

2.1.1 Ölstand zu niedrig, hoher Ölverbrauch

- Öl läuft aus, Dichtungen lassen durch
- Kolbenringe verschlissen oder falscher Kolbenringeinbau
- Ventilführungen oder Schaftdichtringe abgenutzt

2.1.2 Öl verschmutzt

- Öl oder Ölfilter nicht rechtzeitig gewechselt
- Zylinderkopfdichtung schadhaft
- Kolbenringe verschlissen

2.1.3 Öldruck zu niedrig

- Ölstand zu niedrig
- Überdruckventil geöffnet oder festgeklemmt
- Ölpumpe verschlissen
- Ölpumpe beschädigt
- Öl läuft aus
- Innere Ölleitung leck
- Falsche Ölviskosität

2.1.4 Öldruck zu hoch

- Überdruckventil geschlossen oder festgeklemmt
- Ölfilter, Öltunnel verstopft
- Falsche Ölviskosität

2.1.5 Kein Öldruck

- Ölstand zu niedrig
- Ölpumpe defekt (Pumpenwelle)
- Internes Ölleck
- Defekter Öldruckschalter
- Ölpumpenantrieb defekt

2.1.6 Öl hat milchig-weisse Färbung

- Kühlflüssigkeit in Motoröl: Wasserpumpen-Gleitdichtring oder Zylinderkopfdichtung defekt

2.2 Kraftstoffsystem

2.2.1 Motor wird durchgedreht, springt aber nicht an

- Kein Kraftstoff im Tank
- Kraftstoff gelangt nicht zum Vergaser (Kraftstoff-Filter im Tank oder vor Benzinpumpe zugesetzt; Benzinpumpe defekt)
- Schwimmernadelventil klemmt
- Kraftstoffbelüftung dicht
- Brennraum mit Kraftstoff überflutet («abgesoffen»)
- Kein Funke an den Zündkerzen
- Luftfilter verstopft
- Ansaugen von Nebenluft
- Falsche Choke-Betätigung
- Falsche Gasdrehgriff-Betätigung

2.2.2 Motor springt schlecht an oder geht sofort wieder aus

- Falsche Choke-Betätigung

- Versagen der Zündanlage
- Vergaser defekt
- Kraftstoff verschmutzt
- Leerlaufdrehzahl falsch eingestellt
- Siehe 2.2.1

2.2.3 Unruhiger Leerlauf

- Zündsystem defekt
- Leerlaufdrehzahl falsch eingestellt
- Vergaser nicht synchronisiert
- Vergaser defekt
- Gemischeinstellung falsch
- Kraftstoff verschmutzt
- Zu niedrige Kompression

2.2.4 Zündaussetzer beim Beschleunigen

- Zündsystem defekt
- Gemisch zu mager

2.2.5 Fehlzündungen

- Zündsystem defekt
- Vergaser defekt

2.2.6 Schlechte Leistung und hoher Verbrauch

- Zündsystem defekt
- Luftfilter verschmutzt

2.2.7 Zu mageres Gemisch

- Kraftstoffdüsen verstopft
- Schwimmernadelventil defekt
- Schwimmerstand zu tief
- Tankbelüftung verstopft
- Kraftstoffschlauch eingeklemmt
- Entlüftungsschlauch verstopft
- Ansaugen von Nebenluft
- Kraftstoff-Filter
(im Tank und vor Benzinpumpe)
zugesetzt;
Benzinpumpe defekt

2.2.8 Zu fettes Gemisch

- Luftdüsen verstopft
- Schwimmernadelventil defekt
- Schwimmerstand zu hoch
- Choke bei warmem Motor betätigt
- Luftfilter verschmutzt

2.3 Zylinderkopf, Ventile, Zylinder

2.3.1 Zu niedrige oder ungleichmässige Kompression

- Ventile falsch eingestellt (zu klein)
- Ventile verbrannt oder verbogen
- Falsche Ventilsteuerzeiten (Montagefehler)
- Ventilfeder gebrochen
- Undichte oder beschädigte Zylinderkopfdichtung
- Zylinderkopf verzogen oder gerissen
- Abgenutzter oder beschädigter Zylinder oder Kolben
- Abgenutzte, verklebte oder gebrochene Kolbenringe
- Gelockerte Zündkerze
- Falscher Zündzeitpunkt
- Batterie entladen

2.3.2 Zu hohe Kompression

- Übermässige Ölkohlebildung im Brennraum oder auf Kolbenboden

2.3.3 Starke Geräuschentwicklung

- Ventile falsch eingestellt
- Steuerkette übermässig gelängt
- Klemmendes Ventil oder gebrochene Ventilfeder
- Nockenwelle beschädigt oder verschlissen
- Beschädigtes Nockenwellen-Antriebsrad
- Zähne der Nockenwellenräder verschlissen
- Kolben oder Zylinder verschlissen (starkes Kolbenkippen)
- Ausgeschlagener Kolbenbolzen oder Kolbenbolzenbohrung
- Ausgeschlagenes Pleuellager

2.3.4 Starke Rauchentwicklung

- Ventilschaftdichtungen verschlissen
- Ventilschaft oder Ventilführung abgenutzt
- Zylinder, Kolben oder Kolbenringe verschlissen
- Kolbenringe falsch montiert
- Kolben oder Zylinderwand mit Riefen oder Schrammen

2.3.5 Überhitzen

- Übermässige Ölkohlebildung im Brennraum
- Zu magere Vergasereinstellung

- Zündkerze mit falschem Brennwert
- Kühlsystem defekt
- Minderwertiger Kraftstoff

2.4 Kupplung, Schaltgestänge, Getriebe

2.4.1 Kupplung rutscht beim Beschleunigen

- Federn erlahmt oder zu schwach
- Kupplungsbeläge verschlissen
- Kein Spiel im Seilzug

2.4.2 Kupplung rückt nicht aus

- Scheiben verzogen
- Zu grosses Seilzugspiel

2.4.3 Übermässig starker Hebeldruck

- Druckmechanismus beschädigt

2.4.4 Rauhe Kupplungsbetätigung

- Riefen im Kupplungskorb
- Seilzug verschlissen

2.4.5 Motorrad kriecht bei ausgerückter Kupplung

- Zuviel Spiel im Seilzug
- Kupplungslamellen verzogen

2.4.6 Getriebe schwer schaltbar

- Falsche Kupplungseinstellung
- Schaltgabeln verbogen
- Schaltwelle verbogen
- Schaltklauen verbogen
- Schaltklauen abgenutzt
- Nockenrillen der Schaltwalze beschädigt
- Falsche Motorölviskosität
- Falscher Einbau des Schaltmechanismus

2.4.7 Gänge springen heraus

- Schaltklauen verschlissen oder verbogen
- Schaltwelle verbogen
- Schaltwalzenarretierung defekt
- Gebrochene Schaltgestänge-Rückzugsfeder

2.5 Kurbelgehäuse, Kurbelwelle, Pleuel

2.5.1 Übermässig starkes Geräusch

- Lagerzapfen der Kurbelwelle oder Lager verschlissen (Rumpeln)
- Pleuellager verschlissen (Klopfen)
- Verbogene Pleuelstange

2.6 Vorderbau

2.6.1 Lenkung schwergängig

- Lenksäulenmutter zu fest angezogen
- Lenkkopflager beschädigt oder defekt
- Reifenluftdruck zu niedrig

2.6.2 Motorrad zieht nach einer Seite

- Falscher Ölstand in den Gabelbeinen
- Standrohr oder Vorderachse verbogen
- Rad falsch eingebaut
- Rahmen verzogen
- Radlager ausgeschlagen

2.6.3 Vorderrad flattert

- Rad beschädigt
- Radlager ausgeschlagen
- Reifen falsch montiert
- Reifen defekt oder unwuchtig
- Achsmutter nicht genügend angezogen

2.6.4 Federung zu weich

- Gabelfedern ermüdet
- Zu wenig Gabelöl
- Falsche Gabelöl-Viskosität

2.6.5 Federung zu hart

- Zu viel Gabelöl
- Falsche Gabelöl-Viskosität
- Flüssigkeitskanäle verstopft
- Gabelrohre verbogen

2.6.6 Geräusche beim Einfedern

- Gleitrohr oder Führungsbuchsen abgenutzt

- Zu wenig Gabelöl
- Vorderradgabel-Befestigungsteile lose
- Zu wenig Fett im Tachometerantrieb

2.6.7 Öl am Gabelstandrohr

- Gabeldichtringe defekt

2.6.8 Rad dreht nicht frei

- Radlager defekt
- Bremse schleift
- Vorderachse verbogen

2.7 Vorderradbremse

2.7.1 Schlechte Bremsleistung

- Alte Bremsflüssigkeit
- Luft im Hydrauliksystem bzw. Hydrauliksystem undicht
- Hydraulikflüssigkeit-Kanal verstopft
- Abgenutzte Bremsklötze
- Bremsklötze verschmutzt oder verglast
- Bremsscheibe verschmutzt oder verschlissen/verzogen
- Dichtringe der Bremssattelkolben defekt
- Bremssattel verschmutzt oder gleitet nicht einwandfrei

2.8 Hinterrad, Bremse, Aufhängung

2.8.1 Trommeln oder seitliches Flattern des Rades

- Rad verzogen
- Radlager lose
- Reifen falsch montiert
- Reifen defekt oder unwuchtig
- Schwingarm-Drehlager defekt

2.8.2 Federung zu weich

- Feder ermüdet
- Stossdämpfer falsch eingestellt oder defekt

2.8.3 Geräusche beim Einfedern

- Stossdämpferstange klemmt
- Befestigungsteile lose
- Hebelgelenke verschlissen

2.8.4 Schlechte Bremsleistung

- Falsche Bremseinstellung
- Bremsklötze verunreinigt oder verschlissen
- Bremsscheibe verunreinigt oder verschlissen/verzogen
- Alte Bremsflüssigkeit
- Luft im Bremssystem bzw. Hydrauliksystem undicht
- Hydrauliksystem verstopft
- Dichtringe der Bremssattelkolben defekt
- Bremssattel verschmutzt oder gleitet nicht richtig

2.9 Batterie, Batterieaufladung

2.9.1 Kein Strom bei eingeschalteter Zündung

- Batterie leer
- Störung im Ladekreis
- Batteriekabel abgetrennt
- Hauptsicherung durchgebrannt
- Zündschalter defekt

2.9.2 Schwacher Strom bei eingeschalteter Zündung

- Batterie nicht aufgeladen
- Störung im Ladesystem
- Batterieanschluss lose

2.9.3 Schwacher Strom bei laufendem Motor

- Batterie nicht ausreichend geladen
- Eine oder mehrere tote Zellen
- Störung im Ladekreis

2.9.4 Zeitweilig aussetzender Strom

- Lose Kabelanschlüsse (Wackelkontakte)
- Kurzschluss in der Anlage

2.9.5 Störung im Ladekreis

- Kabel oder Anschluss lose, gerissen oder kurzgeschlossen
- Spannungsregler oder Gleichrichter defekt
- Generator defekt

2.10 Zündsystem

2.10.1 Motor wird durchgedreht und springt nicht an

- Kurzschluss-Schalter auf Off
- Kein Funke an den Zündkerzen
- CDI-Einheit defekt
- Generator defekt
- Kabel zwischen Zündkerzen und Generator oder Zündbox und Zündspule ungenügend angeschlossen, gerissen oder kurzgeschlossen

2.10.2 Kein Funke an den Zündkerzen

- Kurzschluss-Schalter auf Off
- Kabel schlecht angeschlossen, gerissen oder kurzgeschlossen zwischen Generator und Zündspule, Zündbox und Kurzschluss-Schalter, Zündbox und Zündspule, Zündbox und Zündschloss oder zwischen Zündspule und Zündkerze
- Zündschloss defekt
- Zündspule defekt
- Zündbox defekt
- Generator defekt

2.10.3 Motor springt an, läuft aber stotternd oder dreht nicht hoch

- Defekt im Primärzündstromkreis
- Zündspule defekt
- Loses oder blankes Kabel
- Wackelkontakt oder loses Kabel in einem Schalter
- Defekt im Sekundärzündstromkreis
- Zündkerze defekt
- Hochspannungskabel defekt
- Falscher Zündzeitpunkt
- Zündkerzenstecker defekt
- Generator defekt
- Zündbox defekt

2.11 Starter

2.11.1 Startermotor dreht sich nicht

- Batterie entladen
- Zündschalter defekt
- Startknopf defekt
- Leerlaufschalter defekt
- Starter-Relais-Schalter defekt
- Kabel lose oder abgetrennt
- Seitenständerschalter defekt
- Leerlaufdiode unterbrochen

2.11.2 Startermotor dreht den Motor nur langsam durch

- Zu schwache Batterie
- Hoher Widerstand im Schaltkreis
- Startermotor klemmt

2.11.3 Startermotor läuft, ohne den Motor durchzudrehen

- Starterkupplung defekt
- Zahnräder des Startermotors defekt
- Zwischenzahnrad defekt

2.12 Kühlsystem

2.12.1 Motortemperatur zu hoch

- Temperaturanzeiger defekt
- Messfühler defekt
- Zu wenig Öl/Kühlflüssigkeit
- Undichtheit im Kühlsystem
- Durchlässe in Kühler oder Schläuchen blockiert
- Kühlerlamellen verbogen
- Luftblasen im Kühlsystem
- Defekter Kühlgebläsemotor
- Defekte Wasserpumpe oder Thermostatventil

2.12.2 Motortemperatur zu niedrig

- Temperaturanzeiger oder Messfühler defekt
- Thermostat geöffnet festgeklemmt
- Defekter Kühlgebläsemotor-Schalter

2.12.3 Kühlflüssigkeitsverlust

- Defekte Gleitringdichtung der Wasserpumpe
- Abgenutzter O-Ring
- Defekter Kühlerdeckel
- Defekte Zylinderkopfdichtung
- Gelockerte Schlauchverbindung oder beschädigte Wasserschläuche

3 Wartung

Bild 1
Seitenansicht von rechts
1 Kupplung
2 Kühlmittel-Einfüllstutzen
3 Kühlmittel-Ausgleichsbehälter
4 Batterie und Bremsflüssigkeitsbehälter hinten

Bild 2
Seitenansicht von links
1 Generator
2 Kraftstoffpumpe
3 Luftfilter des hinteren Vergasers

Wer lange Freude am zuverlässigen Funktionieren seiner Maschine haben will, kommt um regelmässige Wartungsarbeiten nicht herum.
Die Wartungsintervalle (Punkt 3.1) müssen bei normaler Fahrweise nicht sklavisch eingehalten werden. Doch versteht es sich von selbst, dass die VX nur optimal vorbereitet an den Start gebracht wird. Eine Fahrerin oder ein Fahrer mit Durchblick werden erkennen, ob sie ihre Maschine erschwerten Bedingungen aussetzen und die höher beanspruchten Baugruppen deshalb vorzeitig überprüfen.
Besonders häufiger Kurzstreckenverkehr, Regenfahrten oder Betrieb in staubiger Umgebung fordern erhöhte Aufmerksamkeit.
Auch bei den Wartungsarbeiten gilt: Ohne gutes Werkzeug in den benötigten Grössen fängt man mit dem Schrauben gar nicht erst an. Arbeiten an der Bremshydraulik sollten allerdings aus Sicherheitsgründen nur bei entsprechenden Vorkenntnissen selbst durchgeführt werden, ansonsten ist das Motorrad in einer Fachwerkstatt besser aufgehoben.

3.1 Schmier- und Wartungsintervalle

Intervall: Entweder gefahrene Kilometer oder Zeitraum je nachdem, was zuerst eintrifft	km	1000	6000	12 000	18 000	24 000
	Monate	2	12	24	36	48
Batterie (Spezifisches Elektrolytgewicht)		–	I	I	I	I
Luftfilterelemente		Alle 6000 km reinigen und alle 12 000 km auswechseln				
Ventilspiel		I	I	I	I	I
Zündkerzen		–	I	W	I	W
Motoröl und Ölfilter		W	W	W	W	W
Kraftstoffleitung		I	I	I	I	I
(Entlüftungsschlauch – nur für Kalifornien-Modell)		Alle vier Jahre erneuern				
Vergaser (Leerlaufdrehzahl)		I	I	I	I	I
Kühlmittelschläuche		I	–	I	–	–
		Alle vier Jahre auswechseln				
Kühlmittel		Alle zwei Jahre auswechseln				
Kupplung		I	I	I	I	I
Endgetriebeöl		W	–	W	–	W
Bremsschläuche		I	I	I	I	I
		Alle vier Jahre auswechseln				
Bremsflüssigkeit		I	I	I	I	I
		Alle zwei Jahre auswechseln				
Bremsen		I	I	I	I	I
Reifen		I	I	I	I	I
Lenkung		I	I	I	I	I
Teleskopgabel		I	–	I	–	I
Hinterrad-Stossdämpfer		I	–	I	–	I
Fahrgestellschrauben und -muttern		A	A	A	A	A

Zur Beachtung:
W: Wechseln
A: Anziehen
I: Inspizieren und einstellen, reinigen, schmieren oder auswechseln, falls erforderlich

Bilder 1 und 2 zeigen Seitenansichten der VX, die letzte Unklarheiten darüber ausräumen, wo sich was befindet.

3.2 Luftfilter

Die Reinigung des Luftfiltereinsatzes steht laut Wartungsplan alle 6000 km an, die Erneuerung alle 12 000 km.

- Sitz, Tank (Bild 3) und Rahmen/Lenkkopf-Abdeckungen links und rechts abnehmen.
- Befestigungsschrauben rechts und links am Filtergehäuse ausdrehen (Bild 4).
- Ablaufschlauch vom vorderen Filtergehäuse abnehmen.
- Schlauchschellen des Verbindungsschlauchs vom Vergaser zum vorderen Luftfilter lockern, Filtergehäuse anheben und vier Befestigungsschrauben des Filterelements ausdrehen. Filterelement herausziehen.
- Vier Befestigungsschrauben des hinteren Filtereinsatzes ③ Bild 2 ausdrehen und Einsatz herausziehen.
- Filtereinsatz mit Druckluft **von aussen nach innen** ausblasen und gelösten Staub ausklopfen.
- Gereinigten oder neuen Filtereinsatz in umgekehrter Reihenfolge montieren.
- Auf sauberen Sitz des Filterelements im Gehäuse achten.

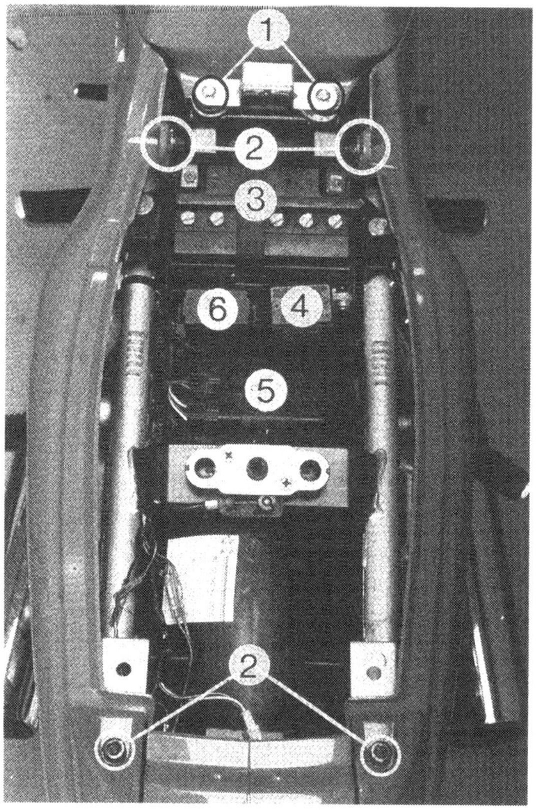

Bild 3
Sitzbank abgenommen
1 Tankbefestigung
2 Verkleidungsbefestigung
3 Batterie
4 Bremsflüssigkeitsbehälter
5 Zündbox
6 Sicherungskasten

Bild 4
Luftfilterbefestigung und Schlauchschellen

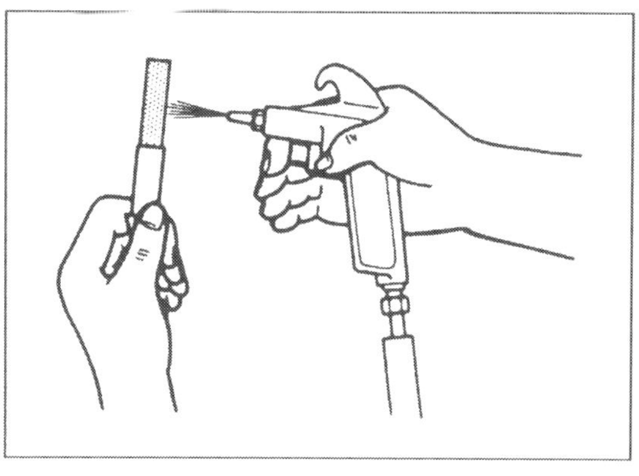

Bild 5
Kraftstoff-Filter ausblasen

3.3 Kraftstoff-Leitungen

Kraftstoff-Leitungen haben die unangenehme Eigenschaft, im Laufe der Zeit zu verhärten und dann einzureissen.
Bei gelegentlicher Tankdemontage deshalb immer Leitungen auf Beschädigung oder Brüchigkeit untersuchen.

- TIP Im Zweifelsfall einen angefressenen Schlauch lieber auswechseln, denn das Gummiröhrchen platzt garantiert während der nächsten Nachtfahrt auf der Autobahn.

3.4 Kraftstoffsieb

Wenn der Motor plötzlich unsauber am Gas hängt oder bei höheren Drehzahlen aussetzt, kann das an zugesetztem Kraftstoffsieb vor der Kraftstoffpumpe oder dem Sieb am Hahn selbst liegen. Im Tankinneren abgeplatzte Lackpartikelchen oder Verunreinigungen im Sprit sammeln sich im feinen Geflecht.

- Tank abnehmen, wie in Kapitel 3.2 beschrieben.
- Kraftstoff ablassen und Kraftstoffhahn demontieren (zwei Befestigungsschrauben ausdrehen).
- Filtersieb demontieren, mit Druckluft ausblasen (Bild 5) oder in Lösungsmittel auswaschen.

Kraftstoffhahn (O-Ring geölt) wieder installieren.
● Falls Abriebteilchen oder Lackflitter festgestellt werden, Tank ausspülen.
● Tank und Leitungen wieder montieren.

3.5 Ventilspiel

Ein gewisses Spiel zwischen Nocken und Ventil ist nötig, damit die Ventile den Brennraum bei allen Betriebstemperaturen dicht abschliessen. Kontrolliert wird alle 6000 km.
Beim VX-Motor wird das Ventilspiel mittels Einstellschrauben an den Kipphebeln eingestellt.
● ⚠ Ventilspiel bei kaltem Motor (Raumtemperatur) kontrollieren und einstellen!
● Sitz und Tank abbauen.
● Zündkerzen, vorderes Luftfiltergehäuse mit Verbindungsschlauch und Vergaser (siehe Bild 4) abnehmen. Vergaser zur Seite hängen.
● Ventilkontrolldeckel abnehmen (Bild 6). Auf Verbleib der Gummidichtringe achten.
● Schaulochdeckel und Generatordecke-Kappe mit grösstmöglichem Schraubendreher ausdrehen (manche Modelle sind aber auch mit Innensechskantkappen ausgestattet). Vor Ausdrehen der Generatordeckel-Kappe mit Gummihammer kräftig auf Kappe klopfen, um sie zu lockern.
● Numerierung der Zylinder siehe Bild 7.
● Generatorrotor drehen, bis Kolben 1 (hinterer Zylinder) im oberen Totpunkt steht (Spiel an allen Kipphebeln spürbar) und RT-Markierung auf Rotor mittig im Schauloch steht (Bild 8).
● ⚠ Kolben steht nur jede zweite Umdrehung im Arbeits-OT! Kolben steht im Arbeits- oder Verbrennungs-OT, wenn an allen Ventilen (Ein- und Auslass) des betreffenden Zylinders Spiel spürbar ist.
● Mit Fühlerlehrenblatt festen Schiebesitz zwischen Nocken und Einstellschraube prüfen.
● Falls Ventilspiel nicht korrekt (d. h. kein fester Schiebesitz spürbar), Gegenmutter der Einstellschraube lockern und Einstellschraube nachsetzen bzw. lockern. Anschliessend Gegenmutter wieder anziehen.

Ventilspiel:
Ein- und Auslass 0,08 bis 0,13 mm
● Kurbelwelle um 480° (1⅓ Umdrehungen) im Uhrzeigersinn drehen, bis FT-Markierung mittig im Schauloch erscheint. Ventilspiel von Zylinder 2 (vorderer Zylinder) messen und gegebenenfalls einstellen wie am hinteren Zylinder.
● Gummidichtung der Ventildeckel vor Einbau auf Beschädigung prüfen, gegebenenfalls auswechseln.
● Vergaser, Luftschlauch, Luftfilter, Rahmenverkleidung und Tank wieder anbringen.

Bild 6
Ventilkontrolldeckel abnehmen

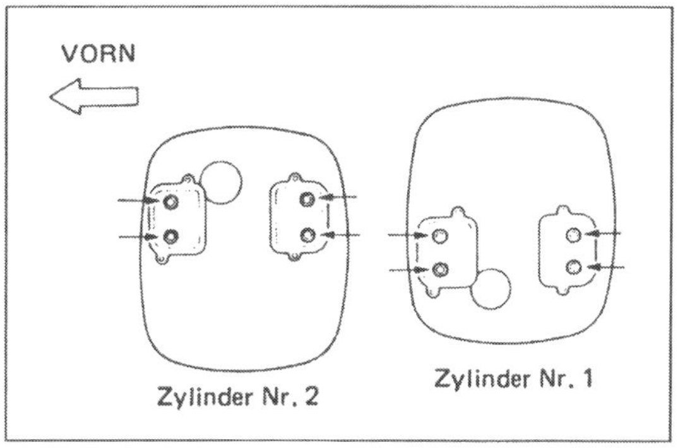

Bild 7
Zylindernumerierung und Einführrichtung der Fühlerlehre

Bild 8
Kurbelwelle drehen, bis Markierung erscheint

Bild 9
Ventilspiel «fühlmessen»

3.6 Vergaser

Für optimale Leistungsfähigkeit des Boliden ist es unumgänglich, dass die Vergaser absolut synchron arbeiten. Schon geringste Unterschiede bewirken, dass besser gefütterter Zylinder benachteiligten «mitschleppen» muss.
● ⚠ Synchron-(Abgleich-) und Leerlaufdrehzahl-Einstellung erfolgt bei betriebswarmem Motor und korrekt eingestelltem Ventilspiel.

3.6.1 Leerlaufdrehzahl

- Leerlaufdrehzahl muss im Normbereich (1000–1200/min; Schweiz: 1150–1300/min) liegen.

Bild 10
Leerlauf-Einstellschraube

- Durch Hinein- oder Herausdrehen der Leerlauf-Einstellschraube (Bild 10) Drehzahl einregulieren (Hineindrehen: Drehzahl erhöhen; Herausdrehen: Drehzahl senken).

3.6.2 Abgleich

- Maschine aufbocken und Getriebe auf Leerlauf schalten.
- Unterdruckmessuhren an Anschluss-Stopfen am Einlasstrakt gegebenenfalls mit Adapter anschliessen.
- Betriebswarmen Motor starten.
- Beide Messuhren müssen gleichen Messwert anzeigen.

Falls Messwerte nicht gleich:

- Bei laufendem Motor durch Drehen der Einstellschrauben «a» Bild 11 beide Vergaser auf gleichen Unterdruck einregulieren.
- Motor zwei- oder dreimal kurz hochdrehen und Abgleich nochmal kontrollieren.
- Leerlaufdrehzahl kontrollieren.
- Drosselklappen leicht öffnen und Unterdruck-Uhren beobachten. Sie müssen gleichen Unterdruck für beide Vergaser anzeigen. Falls Messwerte voneinander abweichen, durch Drehen der Einstellschrauben «(b» und «c» Bild 11) Unterdruckwerte angleichen.

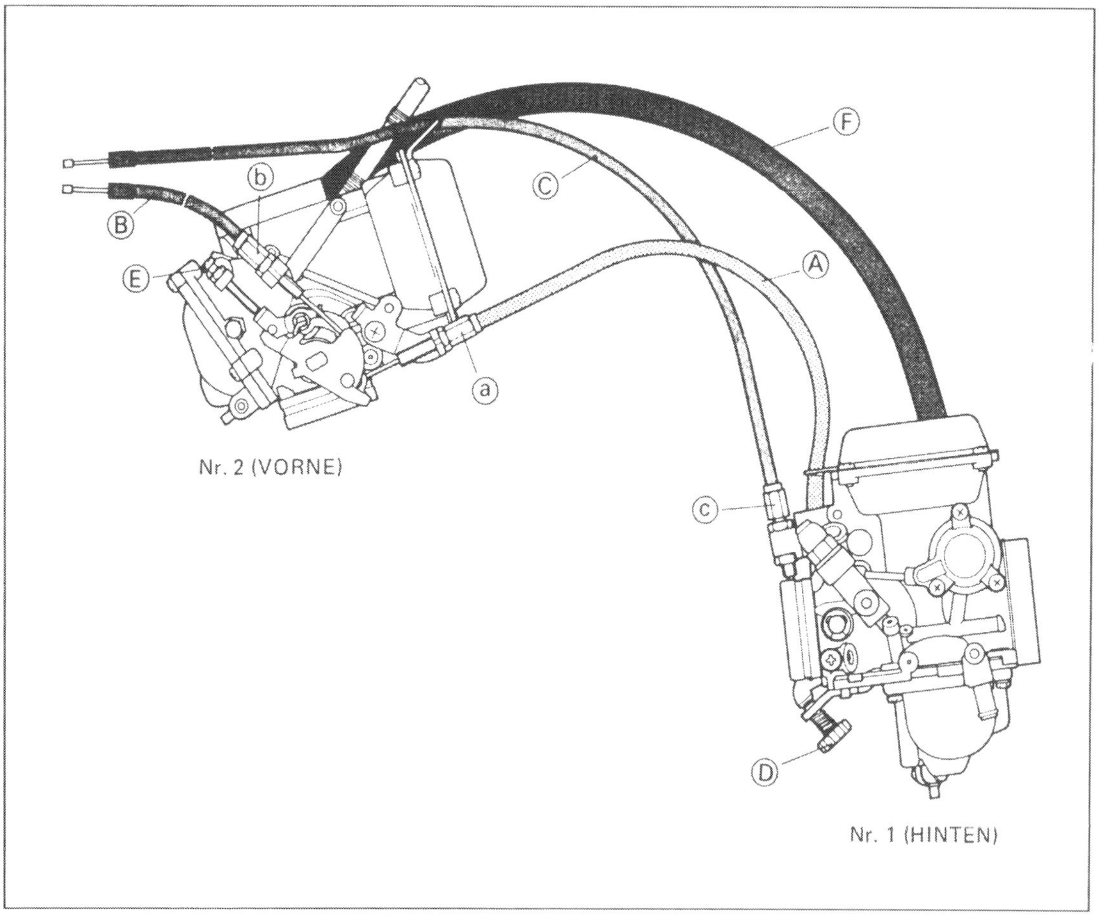

Bild 11
Gasseilzüge
A Abgleich-Seilzug
a Abgleich-Einsteller
B Gasseilzug Vergaser 1
b Gasseilzug-Einsteller Vergaser 1
C Gasseilzug Vergaser 2
c Gasseilzug-Einsteller Vergaser 2
D Drosselklappen-Anschlag (Leerlauf-Einsteller)
E Schraube
F Kraftstoffschlauch

● Motor zwei- oder dreimal kurz hochdrehen und Abgleich nochmal kontrollieren.
● Abschliessend Verschluss-Schrauben an Einlass-Stutzen wieder anbringen.

3.6.3 Seilzug-Einstellung

Dem Gasdrehgriff kommt beim Motorrad die wichtige Rolle des Mittlers zwischen Fahrer und Motor zu. Unregelmässigkeiten bei Feindosierung der Motordrehzahl können fatale Folgen haben.
●⚠ Deshalb muss sich der Gasdrehgriff bei allen Lenkerstellungen leicht öffnen lassen, selbsttätig in seine Ausgangsposition zurückkehren und ein Betätigungsspiel von 2 bis 6 mm am Gasgriff-Umfang aufweisen, zu dessen Einstellung der Einsteller am Gasdrehgriff (Bild 12) benutzt wird.
● Gegenmutter lösen und mit Einstellmutter Spiel einstellen (Einsteller eindrehen: Spiel vergrössern; Einsteller ausdrehen: Spiel verkleinern).
Endkontrolle:
● Bei laufendem Motor (mit Leerlaufdrehzahl) Lenker von Anschlag zu Anschlag drehen → Drehzahl darf sich nicht verändern.
Ist jedoch auch nach Abschmieren Zug nicht leichtgängig, Gaszug auf Beschädigung untersuchen und eventuell austauschen.
● Dazu Spieleinsteller ganz eindrehen und am Gasdrehgriff zwei Kreuzschlitzschrauben lösen, beide Gehäusehälften abnehmen, Nippel aus Aufnahmen nehmen und herausziehen. Gaszugverteiler öffnen und Nippel aus Aufnahme entnehmen.
●⚠ Mass-Stab, ob der Gaszug verschlissen oder beschädigt ist, streng anlegen. Sparsamkeit ist hier falsch am Platz.
● Neuen Zug geölt und ohne Knick- und Scheuerstellen einfädeln, Drehgriffgehäuse leicht eingefettet wieder verschliessen.
● Kleinere Einstellungen am oberen Einsteller (am Gasgriff) vornehmen. Zum Einstellen des Spiels Gegenmutter lösen und Einsteller drehen. Anschliessend wieder kontern.
●⚠ Falls Seilzüge A, B oder C Bild 11 gewechselt werden sollen, muss Vergaser 1 (am hinteren Zylinder) ausgebaut werden und anschliessend der Abgleich kontrolliert werden.
● Seilzüge B und C Bild 11 so einbauen, dass Überstände der Seilzüge gleich weit aus Gaszugverteiler herausragen (Länge der Seilzüge gleich ist).
Einstellung an Einstellern «b» und «c» Bild 11 nach Lösen der Gegenmuttern vornehmen.
● Chokehebel auf Leichtgängigkeit und saubere Rastung prüfen, eventuell Gestänge mit Spray-Öl (z. B. Castrol Spray-Öl 4in1) gezielt einnebeln.

Bild 12
Seilzug-Spieleinsteller am Kabel (hier Choke-Seilzug)

3.7 Zündkerzen

Die Funkenspender der VX werden alle 6000 Kilometer kontrolliert und spätestens nach 12000 Kilometern erneuert.
Um das Kerzenbild aussagefähig beurteilen zu können:
● Motor 10 Kilometer im mittleren Drehzahlbereich warmfahren.
● Motor schon beim Ausrollen des Motorrads abschalten.
●⚠ Längeres Laufen des Motors im Standgas vor Abstellen macht eine richtige Kerzenbild-Beurteilung unmöglich (→ Kerze russt ein)!
● Kerzenstecker abziehen und Zündkerze mit Zündkerzenschlüssel herausdrehen.
●⚠ Kerzenbild soll rehbraunen Farbton haben, bei weissem bis aschgrauem Bild ist Vergaser-Einstellung zu mager, Motor läuft zu heiss. Bei dunkelbraunem bis schwarzem Kerzenbild ist Kraftstoffluftgemisch zu fett (was auch von zugesetztem Luftfilter herrühren kann).
Eine schwarz verrusste, feuchtglänzende Kerze deutet auf verschlissene Ventilführungen oder abgenutzte Kolbenringe, durch die Öl in den Verbrennungsraum gelangt.
● Mit Messingdrahtbürste Kerze reinigen und Isolator auf Risse oder Absplitterungen untersuchen. Dichtring muss einwandfreie Planflächen aufweisen, bei Beschädigung Kerze erneuern.
● Elektrodenabstand mit Fühlerlehre messen, Sollwert: 0,8 bis 0,9 mm. Gegebenenfalls Mittel-Elektrode nachfeilen, dann Abstand einstellen (Bild 13).

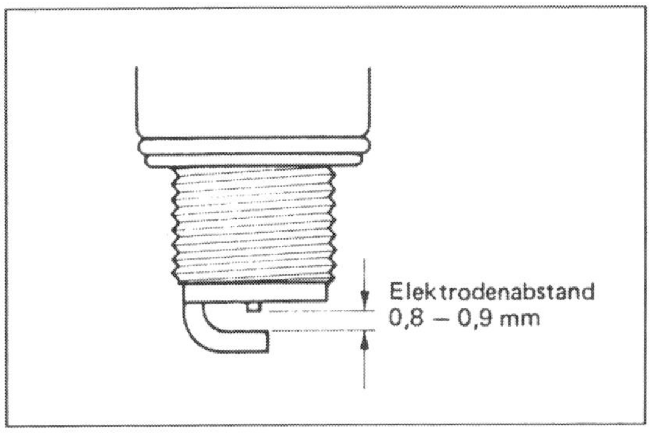

Bild 13
Zündkerze

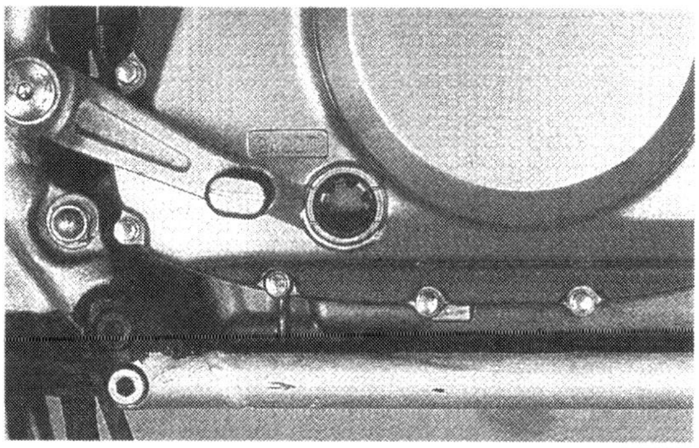

Bild 14
Ölstand-Schauloch

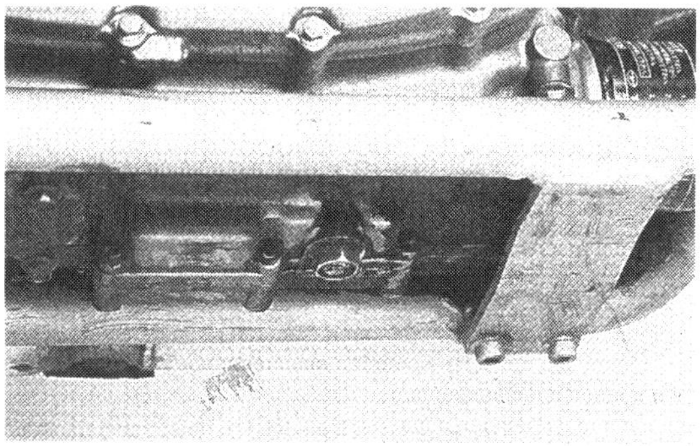

Bild 15
Ölablass-Schraube

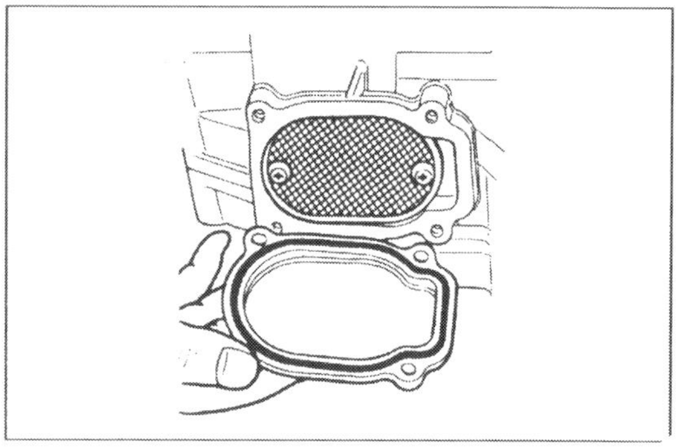

Bild 16
Ölsieb abnehmen

Bild 17
Ölfilter-Einbaulage
(Auspuff muss nicht abgebaut werden)

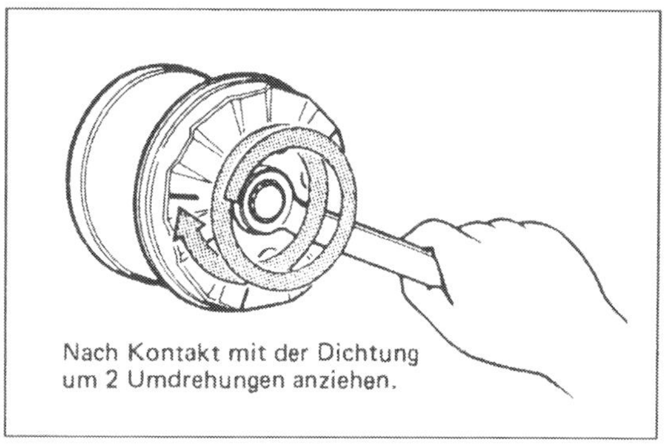

Bild 18
Ölfiltermontage mit richtigem Ölfilterschlüssel

● TIP Masse-Elektrode nur vorsichtig nachbiegen, Bruchgefahr im Betrieb!
● ⚠ Empfohlene Standard-Zündkerzen:
NGK: DPR8EA-9
N.D.: X24EPR-U9
● Falls Kerzen ständig verrussen und Motorverschleiss / zugesetzter Luftfilter bzw. falsche Vergasereinstellung ausgeschlossen werden können, auf **Kerzen mit niedrigerem Wärmewert** wechseln:
NGK: DPR7EA-9
N.D.: X22EPR-U9
● Falls Kerzen zum Überhitzen neigen (weisses Kerzenbild z. B. durch häufige Autobahnhatz), auf **Kerzen mit höherem Wärmewert** wechseln:
NGK: DPR9EA-9
N.D.: X27EPR-9U
● ⚠ Zündkerze gefühlvoll von Hand einschrauben, unbedingt darauf achten, dass schon der erste Gewindegang richtig greift. Schräg angesetzte Kerze ruiniert mit ihrem harten Stahlgewinde das weiche Gewinde im Aluminium-Zylinderkopf schon bei einer halben Umdrehung.
● ⚠ Zündkerzen-Gewinde muss fettfrei sein! Zur Schmierung ausschliesslich Kupferpaste verwenden.
● Erst bei richtigem Sitz Kerze mit Kerzensteckschlüssel anziehen und Kerzenstecker wieder aufsetzen.

3.8 Motoröl, Ölfilter und Öldruck

Das Öl ist sozusagen der Lebenssaft für jedes Triebwerk. Klar, dass da der Pegelstand regelmässig kontrolliert wird. Alle 12000 km bedürfen 2,8 Liter Öl (mit Filterwechsel; ohne 2,4 Liter; nach Motorüberholung 3,3 Liter) und das Filterelement einer Erneuerung, mindestens aber alle zwei Jahre.
Bei der geringen Alterungsneigung moderner Motoröle können insbesondere bei Motoren mit hoher Laufleistung die Wechselintervalle gedehnt, jedoch nicht verdoppelt werden.
● Ölstand am Kontrollfenster (Bild 14) auf ebenem Untergrund bei senkrechtstehender Maschine kontrollieren.
● TIP Ablass-Schraube ist mit einem Alu- oder Kupferdichtring versehen, der mindestens bei jedem zweiten Ölwechsel erneuert wird.
● TIP **Motoröl** bei betriebswarmer Maschine ablassen, damit sich Metallabriebsteilchen noch in der Schwebe befinden und sich noch nicht abgesetzt haben.
● Motorrad aufbocken und geeignetes Auffanggefäss unterschieben.
● Ölablass-Schraube ausdrehen (Bild 15).

● ⚠ Finger nicht am heissen Öl verbrühen! Öl läuft erst im Schuss, nach einiger Zeit nur noch tröpfchenweise. Geduldig warten, bis der letzte Tropfen den Weg ins Auffanggefäss gefunden hat.

● Deckel des Ölsumpffiltersiebs (vier Befestigungsschrauben) und Filtersieb (zwei Befestigungsschrauben) abnehmen (Bild 16) und Deckel und Sieb mit Pinsel in sauberer Reinigungslösung (Benzin o. ä.) auswaschen. Deckel mit gefettetem O-Ring wieder anbringen.

● Ablass-Schraube mit neuer Dichtung wieder fest eindrehen.

Das **Ölfilter** hat die Aufgabe, kleinste Partikelchen aus dem Motoröl herauszufiltern. Sobald der Motor läuft, befindet sich das Öl in dauerndem Kreislauf vom Ölsumpf zum Motor und seinen Schmierstellen und tropft dort ab in den Ölsumpf. Deshalb:

● ⚠ Ölfilter bei jedem Ölwechsel erneuern.

● ⚠ Zwar kann der Ausbau der Filterpatrone mit einem Universal-Bandschlüssel bewerkstelligt werden, zum Einbau ist der passende Ölfilterschlüssel (SUZUKI-Spezialwerkzeug, auch z. B. bei Hein Gericke erhältlich) jedoch die bessere Wahl. Mit dem Bandschlüssel wird die Filterpatrone beim richtigen Anziehen leicht eingedrückt.

● Auffangwanne unter Ölfilter (Bild 17) stellen und Ölfilter ausdrehen.

● O-Ring des neuen Ölfilters einölen und Filter nach Vorschrift eindrehen (Bild 18).

● Nach Eindrehen des Filters 2,8 Liter Öl (SAE 10 W/40, API-Norm SE oder SF) am Einfüllstutzen (Bild 19) einfüllen.

● Motor kurze Zeit im Leerlauf tuckern lassen und wieder abstellen. Nach zwei Minuten Ölstand kontrollieren. Öl bis zur oberen F-Marke nachfüllen.

● ⚠ Altöl nicht «weggiessen» (!), sondern an einer Sammelstelle (in jeder grösseren Stadt zu finden) oder Tankstelle abliefern!

● ⚠ Jeder Ölverkäufer ist zur Zurücknahme von Altöl verpflichtet!

Öldruck

Wenn das Öl als Lebenssaft des Motors gilt, dann ist die Ölpumpe das Herz des Motors. Deshalb entsprechend kritische Messungen vornehmen.

● Öldruck mit Druckmesser und entsprechendem Adapter an Verschluss-Schraube des Ölkanals (Bild 20) messen.

Bei 60°C Öltemperatur (Betriebstemperatur) muss der Druck bei 3000/min 3,5 bis 6,5 kg/cm² betragen.

● Flüssige Dichtmasse auf Gewinde der Verschluss-Schraube auftragen und Schraube mit neuer Dichtung wieder fest eindrehen.

Bild 19
Öleinfüllstutzen

Bild 20
Öldruck-Kontrollschraube

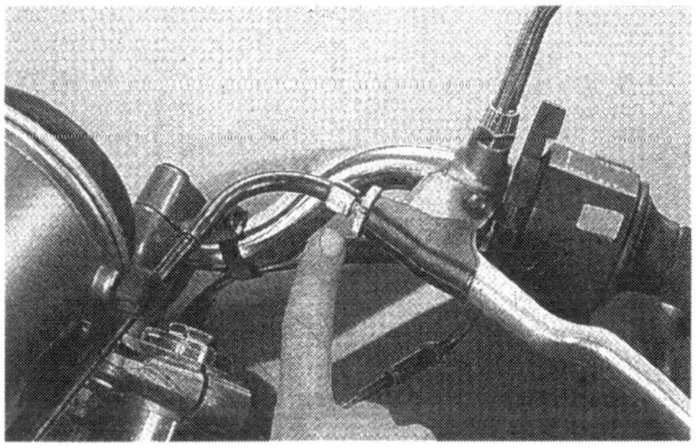

Bild 21
Kupplungsseilzug-Spieleinsteller

Bild 22
Motorkegelrad-Abdeckung

Bild 23
Unterer Seilzugeinsteller

Bild 24
Druckstangenspiel einstellen

Bild 25
Entlüfterschraube

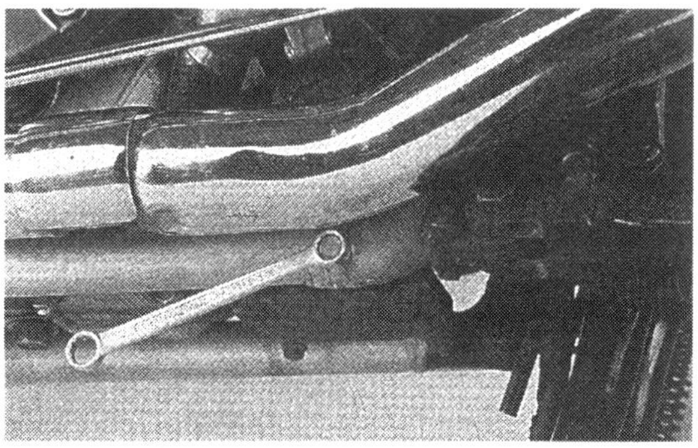

Bild 26
Kühlmittel-Ablass-Schraube

Bild 27
Kühlmittel-Einfüllstutzen

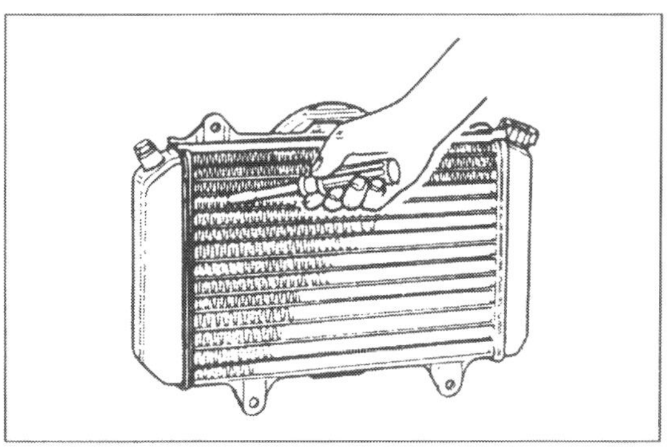

Bild 28
Kühlerlamellen geraderichten

3.9 Kupplung

Um zu verhindern, dass die Kupplung bei Belastung ungewollt durchrutscht, muss am Handhebel und an der Kupplungsdruckstange ein Sicherheitsspiel vorhanden sein.

● Am Handhebel Gegenmutter lösen und Einsteller (Bild 21) ganz in Hebelhalter eindrehen.

● Motorkegelrad-Abdeckung (Bild 22) abnehmen. Gegenmutter des unteren Seilzugeinstellers (Bild 23) lockern und Einsteller etwas eindrehen, um Hebel Spiel zu geben.

● Gegenmutter des Druckstangen-Einstellers (Bild 24) lockern und Einsteller zwei bis drei Umdrehungen herausdrehen.

● Einsteller vorsichtig wieder eindrehen, bis starker Widerstand spürbar ist. Anschliessend Einsteller um ¼ bis ½ Umdrehung herausdrehen und mit Gegenmutter sichern.

● Unteren Seilzugeinsteller soweit ausdrehen, dass sich zwischen Handhebel und Hebelhalter 4 mm Spiel (Spaltbreite) einstellt.

● Gegenmuttern der Seizugeinsteller unten und oben anziehen und Motorkegelrad-Abdeckung wieder anbringen.

3.10 Kühlsystem

Bei jeder Inspektion wird der Kühlmittelstand kontrolliert und das Schlauchsystem auf Undichtheit untersucht. Alle 24 000 Kilometer oder alle zwei Jahre Kühlmittel erneuern, alle vier Jahre Schläuche erneuern. Ein Pflege- und Wartungsaufwand, der zu Nachlässigkeit verführt.

● Alle 12 000 Kilometer Kühlmittelstand kontrollieren.

● ⚠ Vor Wartungsarbeiten am Kühlsystem Motor auskühlen lassen. Kühlerverschlussdeckel (Bild 27) nicht abschrauben, solange Motor noch heiss. Heisses Kühlmittel steht unter Druck und kann ernsthafte Verbrühungen verursachen.

● Rahmenverkleidung am Lenkkopf rechts abnehmen (drei Befestigungsschrauben).

● Verschlussdeckel des Kühlers abnehmen und Gemisch aus destilliertem Wasser und Frostschutzmittel im Verhältnis 1:1 oder handelsübliche Kühlflüssigkeit für Aluminiummotoren und -kühler bis zum Einfüllstutzen auffüllen.

● Kühlmittelstand bei laufendem Motor kontrollieren, gegebenenfalls auffüllen.

● Steht ein Kühlflüssigkeitswechsel an, Entlüftungsschraube (Bild 25) ausdrehen und geeignetes Auffanggefäss unter Kühlmittelablass stellen. Ablass-Schraube (Bild 26) ausdrehen.

● Ablauf der Kühlflüssigkeit durch gefühlvolles

Öffnen des Einfüllstutzens (Bild 27) regulieren.
● Vor Befüllen Ablass-Schraube wieder eindrehen (10–12 Nm) und Kühlflüssigkeit (1,7 Liter) bis zum Einfüllstutzen einfüllen. Entlüftungsschraube eindrehen (10–12 Nm).
Kühlsystem entlüften:
● Bei laufendem Motor am Einfüllstutzen Kühlmittel auffüllen, bis Pegel am Einfüllstutzen nicht mehr absinkt.
● Verkleidung montieren.
Wie Kühlflüssigkeitsstand wird auch das Kühlsystem selbst alle 12 000 Kilometer inspiziert.
● Luftdurchlässe des Kühlers auf Verstopfung und Kühlerlamellen auf Verbiegung überprüfen.
● Verbogene Lamellen und eingedrückte Wasserrohre geraderichten (Bild 28).
● Insekten, Schlamm oder sonstige Fremdkörper mit Druckluft oder schwachem Wasserstrahl entfernen.
● Kühler auswechseln, falls Luftdurchströmung über mehr als 20 Prozent der Kühlerfläche behindert ist.
● Schläuche auf Risse oder Brüchigkeit prüfen, gegebenenfalls auswechseln.
● Festsitz aller Schlauchklemmen prüfen.

3.11 Winkeltrieböl

Das Winkeltrieböl wird alle 12 000 km gewechselt.
● Motorrad auf Mittelständer stellen.
● Auffanggefäss unter Winkeltriebgehäuse stellen. Einfüllkappe und Ablass-Schraube (Bild 29) ausdrehen.
● Ablass-Schraube fest eindrehen und Öl (SAE 90 Hypoid-Getriebeöl; 200 bis 220 ml) bis etwa 5 mm unterhalb der Einfüllbohrung einfüllen. Einfüllkappe festziehen.
●⚠ Überfüllung kann zu Ölaustritt über Be- und Entlüftungsbohrung führen.

3.12 Batterie

Zuverlässige E-Starter sind heute Standard im Motorradbau. Damit diese aber zuverlässig ihren Dienst versehen können, muss die Batterie immer optimal in Schuss sein, insbesondere um auch bei kalter Witterung ausreichend Energie liefern zu können.
● Batterie-Pole regelmässig mit Polfett (säurefrei) abschmieren.
● Batterie sitzt unter Sitzbank (Bild 3). Batterie-Flüssigkeitsstand muss zwischen oberer und

Bild 29
Winkeltrieböl-Ablass- und Einfüllschraube

unterer Pegelmarkierung liegen.
● Bei zu niedrigem Stand **zuerst negatives Batteriekabel (Minuspol) abklemmen** und Entlüftungsschlauch abziehen. Danach Pluskabel entfernen und Batterie nach oben herausziehen.
● Zellenstopfen entfernen und destilliertes Wasser nachfüllen. Batterie wechseln, wenn sich am Batterieboden grünlicher Belag bildet oder Ablagerungen ansammeln.
● Säurestand alle 3 Monate prüfen.
●⚠ In südlichen Ländern mit höheren Umgebungstemperaturen wegen erhöhter Verdunstung öfter kontrollieren.
●⚠ Batterie-Elektrolyt enthält Schwefelsäure! Deshalb die Flüssigkeit nicht mit Kleidung in Berührung bringen. Falls Flüssigkeit in die Augen gerät, sofort gründlich mit Wasser spülen und unverzüglich Augenarzt aufsuchen!

3.12.1 Batterie laden

●⚠ Maximaler Ladestrom darf 10% der Ladekapazität nicht überschreiten. Beispiel 16 Ah-Batterie: Ladestrom max. 1,6 Ampere; Ladezeit: 5 bis 10 Stunden.
●⚠ Kurzes Laden mit hohem Ladestrom verkürzt die Lebensdauer der Batterie.
● Ladezustand der Batterie mit Säureheber prüfen; Säuredichte bei vollgeladener Batterie: 1,26 bis 1,30 g/ml bezogen auf 20° C.
● Nach Laden Batterie leicht schütteln, damit Gasbläschen aufsteigen.
● Nach Beruhigung der Flüssigkeit evtl. destilliertes Wasser bis zur «MAX»-Markierung auffüllen.
● Verschluss-Stopfen fest eindrehen oder -drücken.
Inbetriebnahme von neuer Batterie:
● Entionisiertes Wasser bis knapp über Platten auffüllen.
● Nach Befüllen Batterie ca. eine Stunde stehen lassen, Batterie leicht schütteln und Flüssigkeit bis «MIN» auffüllen.
●⚠ Nach Befüllen der trocken vorgeladenen Batterie mit Säure erreicht sie nur 60% der Nennkapazität. Batterie also unbedingt laden! Nach

Laden Pegel bis «MAX» auffüllen.

● ⚠ Lange Standzeiten gefüllter Batterien vermeiden. Batterie erst kurz vor Bedarf mit Säure befüllen.

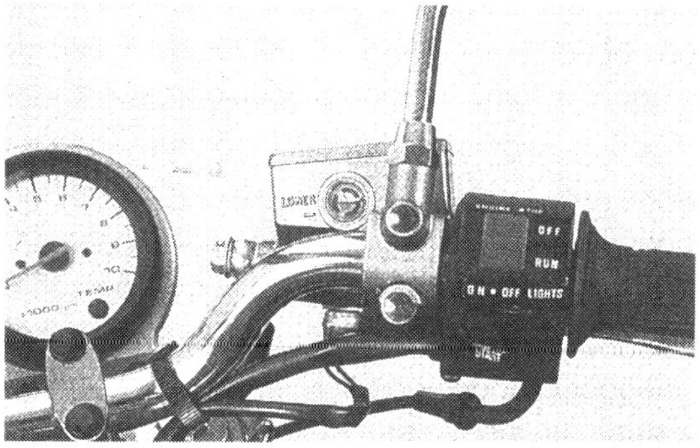

Bild 30
Bremsflüssigkeit im Kontrollfenster

Bild 31
Bremsflüssigkeitsbehälter hinten unter Sitzbank

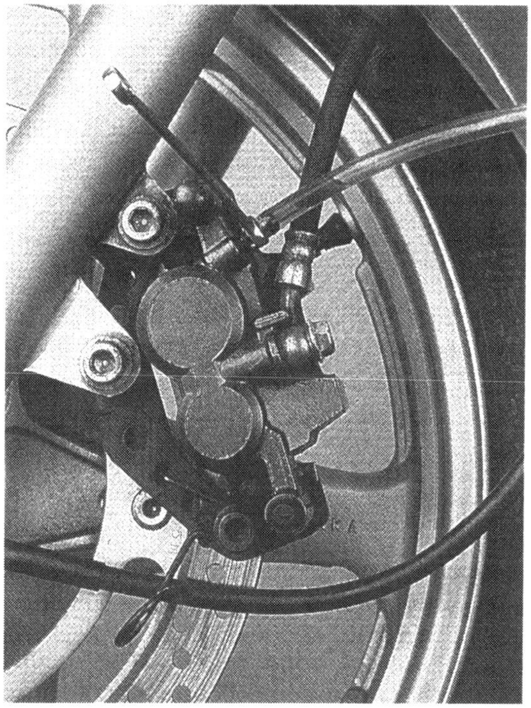

Bild 32
Hydrauliksystem entlüften

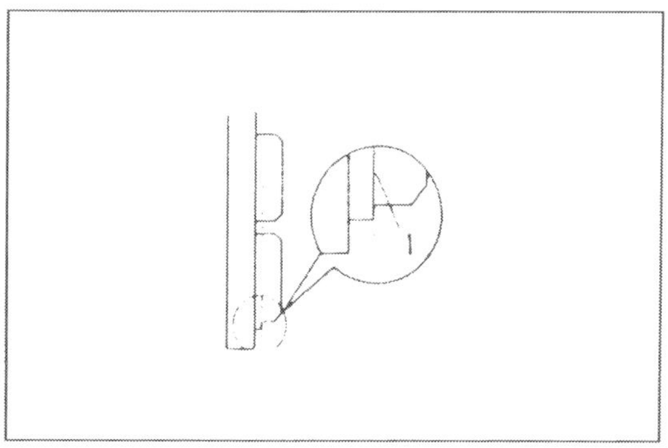

Bild 33
Bremsbelag-Verschleissanzeige 1 vorn

3.13 Bremse

3.13.1 Bremsflüssigkeit/Entlüften

Mag man einem Motorrad kurzzeitig einen defekten Auspuff oder auch mal ein durchgebranntes Blinkerbirnchen zubilligen – beim Thema Bremsen gibt es keine Kompromisse. Hier muss bei jedem Fahrmeter hundertprozentige Leistungsfähigkeit sichergestellt sein.

Auf die Wirkung der VX-Bremsanlage kann sich der Motorradfahrer verlassen. Damit das immer so ist, sollten Wartungsarbeiten an der Bremshydraulik nur bei fundierten Vorkenntnissen vorgenommen werden. Beim geringsten Zweifel am eigenen Können ist die Fachwerkstatt die bessere Wahl.

Mit zunehmendem Belagverschleiss sinkt der Bremsflüssigkeitsstand, um den Verschleiss automatisch auszugleichen. Deshalb also bei sinkendem Flüssigkeitstand neben dem Absuchen auf Undichtheiten zuerst Belagstärke kontrollieren.

● Am Bremsflüssigkeits-Behälter Pegelstand kontrollieren (Bild 30), Behälter muss dabei waagerecht stehen (Lenker einschlagen!). Ist Pegel unter «Lower»-Marke gesunken, Belagstärke der Bremsklötze kontrollieren.

● Zum Nachfüllen von Bremsflüssigkeit Deckel samt Membran und Zwischenstück abnehmen.

● ⚠ Beim Öffnen des Deckels muss Behälter waagerecht stehen, damit keine Bremsflüssigkeit überschwappt, die sich sehr aggressiv verhält (Lack angreift).

● Pegelstand bis zur MAX- oder UPPER-Markierung (oberer Pegel) auffüllen. Behälter/Hinterradbremse siehe Bild 31. Nur Bremsflüssigkeit der Qualität DOT 4 verwenden! Niemals verschiedene Marken von Bremsflüssigkeiten mischen, sie sind nicht kompatibel.

● Da sich Bremsflüssigkeit hygroskopisch verhält, also Wasser anzieht, Behälter immer gut verschliessen. Keinesfalls dürfen Verunreinigungen, Schmutz oder Wasser in den Behälter gelangen.

● Falls Flüssigkeitsstand rasch absinkt, komplettes System auf Undichtheiten absuchen.

● Alle zwei Jahre **Bremsflüssigkeit erneuern**:

● Deckel des Bremsflüssigkeitsbehälters entfernen und passenden, durchsichtigen Schlauch (Innendurchmesser 4 mm) über Entlüftungsventil am Bremszylinder stülpen, der in Auffanggefäss endet (Bild 32).

● System durch Pumpen mit Bremshebel bzw. Bremspedal unter Druck setzen, bis Widerstand am Hebel bzw. Pedal zu spüren ist.

● Entlüftungsventil um ½ Umdrehung öffnen und wieder schliessen.

●⚠ Bremshebel bzw. Bremspedal erst loslassen, nachdem Entlüftungsventil wieder zugedreht worden ist.

● Bremshebel bzw. Bremspedal langsam loslassen, und noch einige Sekunden warten, nachdem er am Ende seines Weges angekommen ist.

● Diese Schritte mehrfach wiederholen.

● Währenddessen in Behälter am Lenker zügig Bremsflüssigkeit nachgiessen, damit keine Luftbläschen ins System gelangen können.

So wird mit der neuen Bremsflüssigkeit die alte weggespült.

● Tritt am Entlüftungsschlauch kein Luftbläschen bzw. alte Bremsflüssigkeit mehr aus, Entlüftungsventil anziehen. Anzugsmoment 6 Nm!

●⚠ Entlüftungsventil nicht zu fest anziehen, es reisst leicht ab!

● Flüssigkeitsbehälter bis zur oberen Pegelmarke (hinten: UPPER; vorn: Gusskante innen im Behälter) füllen.

3.13.2 Bremsbelagverschleiss

Auch die beste Bremse funktioniert nur mit ordentlichen Belägen. Deshalb ist regelmässige Kontrolle der Belagstärken so wichtig.

● Zur Kontrolle der Beläge vorn mit Taschenlampe Sichtprüfung von schräg gegenüber durchführen; hinten nach Aushebeln der Kunststoff-Abdeckkappe kontrollieren.

● Beläge austauschen, wenn Belagverschleiss-Anzeigekante erreicht ist (Bilder 33 und 34).

● Vor Ausbau der Beläge vorn Bremssattel gegen Scheibe drücken (hinten dazu Bremssattel vom Träger abnehmen), damit Kolben zurückgehen. Dies um Platz zu machen für neue, dickere Beläge.

●⚠ Beläge nur im Satz auswechseln.

●⚠ Bei ausgebauten Belägen Bremshebel bzw. -Pedal nicht betätigen!

● Zum **Austausch der Beläge vorn** zwei Befestigungsschrauben (Bild 35) lösen und Sattel vom Tauchrohr abnehmen. Äusseren Belag entnehmen. Inneren Belag nach Verschieben des Sattels auf Sattelhalter vom Führungszapfen abnehmen.

● Neue Beläge einsetzen (Bild 36) und Sattel am Tauchrohr befestigen (30–48 Nm).

● Zum **Austausch der Beläge hinten** Sattel von Halter und Abstützstrebe abnehmen (Bild 37). Abdeckkappe abnehmen und Sicherungs-

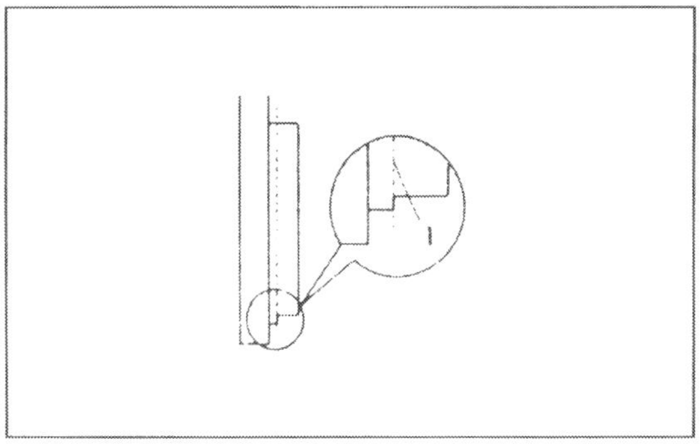

Bild 34
Bremsbelag-Verschleissanzeige 1 hinten

Bild 35
Bremssattel-Befestigungsschrauben vorn

Bild 36
Einbaulage von Belag und Belagfeder

Bild 37
Bremssattel hinten von Träger und Abstützstrebe lösen

Bild 38
Bremssattel hinten
1 Entlüfterventil
2 Sicherungssplint der Belagstifte
3 Belagfeder

splinte und Belagstifte herausziehen (Bild 38).

- Beläge nach oben herausziehen.
- Neue Beläge von oben einsetzen (Belagbleche nicht vergessen).
- Belagstifte einschieben, mit Splint sichern und Belagfedern einsetzen.
- Bremsscheibe von eventuellen Fettfingern mit hochwertigem Entfettungsmittel reinigen.
- ⚠ Vor der ersten Strassenfahrt Druck im Hydraulik-System durch Pumpen am Hebel bzw. Pedal aufbauen. Druckpunkt muss deutlich fühlbar sein!

3.13.3 Bremspedal- und Bremslicht-Einstellung

In Notsituationen ist es äusserst wichtig, dass die Bremswirkung sofort ohne Verzögerung eintritt. Deshalb muss die Position des Fussbremspedals der Fussstellung des Fahrers angepasst sein. Bei Standardeinstellung liegt Bremspedal 30 bis 40 mm unter Fussrastenebene.

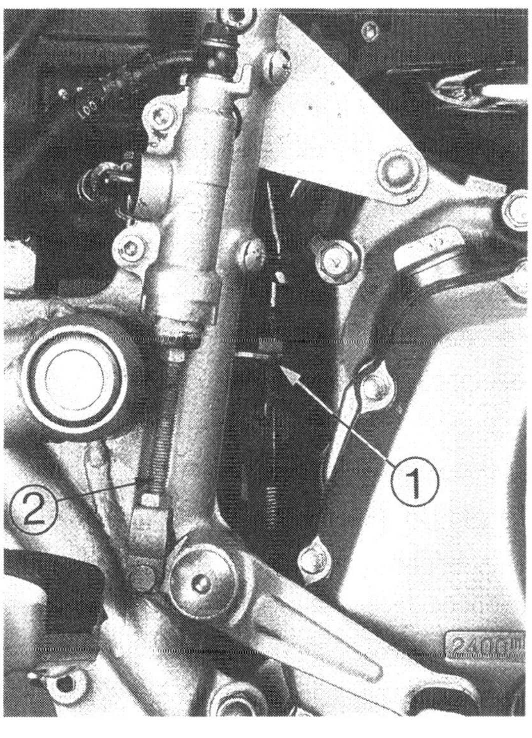

Bild 39
Bremspedal-Einstellspindel ① und Bremslichtschalter ②

- Zur Korrektur Gegenmutter mit Gabelschlüssel SW 12 lösen, mit Gabelschlüssel SW 10 Einstellgewinde verdrehen bis gewünschte Pedalstellung erreicht ist, und Gegenmutter anziehen (Bild 39).
- ⚠ Einstellgewinde muss vollständig in Gegenmuttergewinde bleiben.

Ansprechverhalten des Bremslichtschalters vorn kann nicht eingestellt werden, hinterer soll in Aktion treten, bevor Bremswirkung der Hinterradbremse einsetzt. Einstellung durch Drehen der Kunststoffmutter (nicht des Schalters) von Hand vornehmen (Bild 39).

3.14 Scheinwerfereinstellung

Wesentlicher Sicherheitsfaktor bei Nachtfahrten sind korrekt eingestellte Scheinwerfer.

- Höheneinstellung erfolgt nach Lockern der seitlichen Befestigungsschrauben des Lampentopfs durch Drehen des Topfs. Seiteneinstellung erfolgt durch Ein- und Ausdrehen der Einstellschraube im Zierring.
- Zum Wechseln der Scheinwerferbirne Steckkontakt abziehen. Staubkappe an Lampentopf abziehen. Haltefeder gegen Uhrzeigersinn ausfedern, Fassung herausnehmen und Birnchen entfernen.

Wiedereinbau in umgekehrter Reihenfolge.

- ⚠ Beim Einsetzen der neuen Halogenlampe Handschuhe tragen. Falls Lampe mit blossen Händen angefasst worden ist, Lampe mit Alkohol – getränktem Tuch reinigen, um vorzeitigen Helligkeitsverlust und Durchbrennen zu verhindern.

3.15 Seitenständer

- Drehzapfen des Seitenständers mit Motoröl ölen.
- ⚠ Feder darf keine Beschädigung und keinen Spannungsverlust aufweisen.

Der Faulenzer ist mit einem Schalter ausgerüstet, der den Zündstrom bei ausgeklappten Seitenständer unterbricht.

- Damit der Zündstromunterbrecher nicht unaufgefordert seinem Dienst nachkommt, ihm ab und an etwas MoS_2-Spray zukommen lassen.

3.16 Lenkkopflager

Wenn das Motorrad in langgezogenen Kurven plötzlich nicht mehr den gewohnt sauberen

Strich ziehen will, und wenn es bei kurzem Antippen der Vorderradbremse verdächtig im Lenker knackt, dann hat das Lenkkopflager zuviel Spiel. Ein zu fest angezogenes Lenkkopflager führt zu ungewollten Schlingerbewegungen.

● ⚠ Darauf achten, dass Züge nicht Lenkeinschlag behindern.

● Zum Prüfen des Lagers Maschine so aufbocken, dass Vorderrad frei kommt. Gleitrohre der Gabel fassen und prüfen, ob sich Vorderradaufbau leicht vom linken zum rechten Anschlag drehen lässt. Tauchrohre hin- und herrütteln, um festzustellen, ob etwaiges Spiel oder Lockerheit vorhanden ist. Falls sich Lenker ungleichmässig bewegt, schleift oder Vertikalspiel aufweist, Lager nachstellen.

● Gabelklemmfäuste der oberen Gabelbrücke lockern.

● Lenkschaftrohrmutter ① Bild 40 lockern. Nutmutter ② zunächst lockern und dann wieder anziehen, bis kein Spiel mehr spürbar, aber Lenkung noch leichtgängig ist. Die Schaftrohrmutter (50–80 Nm) und Gabelklemmschraube (18–28 Nm) wieder anziehen.

● Nach Einbau von neuen Lagern Einstellmutter erst fest anziehen (50 Nm), dann wieder lockern.

● Einstell-Nutmutter lockern und wieder anziehen (Anzugsmoment 3 Nm), bis kein Spiel mehr spürbar, aber Lenkung noch leichtgängig ist.

SUZUKI gibt eine Lenklagervorspannung von 0,2 bis 0,5 kg für die komplette Gabel mit Rad an.

● Lenkkopf muss sich gleichmässig leicht von Anschlag zu Anschlag schwenken lassen. Auf Behinderung durch Kabel und Seilzüge achten.

Nach Einbau neuer Lager, Einstellung nach etwa 500 km wiederholen.

3.17 Federung

Die Vorderradfederung der VX 800 bietet als einzige Möglichkeiten, Dämpfung und Federung Kampfgewicht und Einsatzzweck anzupassen sowie Verwendung anderer Gabelöl-Viskositäten oder anderer Füllmengen (erhöhte Befüllung verringert das Luftpolster in der Gabel und erhöht so die Federprogression).

Bild 40
Lenkkopflager
1 Lenkschaftrohrmutter
2 Nutmutter

● ⚠ Beide Gabelbeine gleich befüllen; unterschiedliche Befüllung kann zu verminderter Fahrstabilität führen.

● Wirkung der Telegabel durch mehrmaliges Einfedern prüfen. Dabei zeigt sich, ob Tauchrohre etwa durch verspannten Einbau an freier Beweglichkeit gehindert sind.

● Wellendichtringe der Telegabel dürfen keine Undichtheiten (Ölaustritt) zeigen. Defekte Teile erneuern, wie ab Seite 64 beschrieben.

Die Hinterhand der VX wird über zwei einzelne Federbeine links und rechts abgefedert, deren Feder-Vorspannung, Zug- und Druckstufendämpfung einstellbar ist.

● Einstellrad der Druckstufendämpfung befindet sich oben am Federbein, Zugstufen-Einsteller oben.

● Federvorspannung-Einstellung durch Drehen der Federbasis mit Hakenschlüssel vornehmen.

● ⚠ Beide Federbeine gleich einstellen. Einstellungen gemäss Tabelle Bild 41 vornehmen.

● Wirkung der Federung durch mehrmaliges Einfedern prüfen.

● Alle Verbindungen auf Festsitz prüfen. Darauf achten, dass Dämpferstangen weder Ölaustritt aufweisen noch beschädigt oder verzogen sind.

● Darauf achten, dass beim Anheben des Hecks aus der Federung kein Spiel spürbar ist.

3.18 Kompression

Der Kompressionsdruck lässt Rückschlüsse auf das Innenleben des Zylinders und Zylinderkopfs zu. Ob eine Motorrevision droht, kann häufig

Gegenstand	Federvorspannung	Dämpfkraft	
		Einfedern	Ausfedern
Solofahren	2	1	1
Fahren mit Sozius	3	2	2
Solofahren mit Gepäck (30 kg)	5	4	3
Fahren mit Sozius und Gepäck (30 kg)	5	4	3

Bild 41
Feder- und Dämpfungs-Einstelltabelle

anhand einer Kompressionsdruckprüfung festgestellt werden.

● Kompression bei normaler Betriebstemperatur und korrektem Ventilspiel messen.

● Beide Zündkerzen herausschrauben, in Zündstecker einstecken und mit Überbrückungskabel am Zündkerzengewinde an Masse legen. Das um Schäden an der Zündsteuerbox zu vermeiden.

● Kompressionsmessgerät anschliessen.

● Gasgriff voll öffnen und Motor mit Starter durchdrehen, bis Anzeige des Kompressionsmessers nicht mehr weiter steigt; normalerweise nach etwa 10 Sekunden.

● Kompressionsdruck muss 13 bis 16 kg/cm^2 betragen, Verschleissgrenze: 11 kg/cm^2.

● Unterschied zwischen einzelnen Zylindern darf maximal 2 kg/cm^2 betragen.

SUZUKI rät auch zur Motorüberholung, wenn beide Zylinder unter 13 kg/cm^2, jedoch noch über 11 kg/cm^2.

Zu geringer Druck deutet auf undichte Ventile, zu knappes Ventilspiel, undichte Zylinderkopfdichtung, verschlissene Kolben, Kolbenringe oder Zylinder. Zu hohe Kompression wird meist von Ölkohleablagerungen im Brennraum verursacht.

● TIP Um die Fehlerquelle einzukreisen:

● Öl durch Kerzenloch des betreffenden Zylinders gleichmässig auf Zylinderwand spritzen.

● Kompri-Test wiederholen.

Erhöhte Werte lassen auf Verschleiss an Zylinderwand oder Kolben und Ringen schliessen, gleichbleibender Wert auf verschlissenen Zylinderkopf (Dichtung, Ventil, -sitze und -führungen). Werkstatterfahrung lässt es wahrscheinlicher erscheinen, dass letzterer Fall zuerst eintritt. Und zwar in der Regel (wenn man dafür überhaupt eine Regel aufstellen kann) nach einer Laufleistung von weit über 50 000 km, wobei dann natürlich nicht schlagartig der Dienst eingestellt wird, sondern lediglich die von SUZUKI benannten Verschleissgrenzen für Ventilsitzbreite und Ventilführungsspiel erreicht sind.

3.19 Muttern, Schrauben, Befestigungsteile

Im Lauf der Zeit kann es vorkommen, dass sich Muttern oder Schrauben am Motorrad durch feine Vibrationen lösen.

● Deshalb alle 12 000 Kilometer im Rahmen einer Inspektion alle Fahrgestellmuttern und -schrauben kontrollieren. Sie müssen mit den vorgeschriebenen Drehmomentwerten angezogen sein.

Alle Splinte, Sicherungsringe, Schlauchklemmen und Seilzughalterungen überprüfen.

3.20 Räder und Reifen

Kontrolle von Drahtspeichenrädern gehört dank der Gussräder zwar der Vergangenheit an, dafür können die Laufräder aber beim harten Aufprall auf einen Randstein Schaden nehmen, dem nur mit Röntgen-Technik auf die Spur zu kommen ist. Deshalb ist es auch nicht vertretbar, Gussräder zu richten.

Auch die Reifen dürfen keine Risse oder sonstige Beschädigungen aufweisen. Reifenluftdruck bei kalten Reifen messen, siehe Technische Daten, Seite 94.

Reifen erneuern, wenn Profiltiefe vorn nur noch 1,5 mm und hinten 2,0 mm beträgt.

● Darauf achten, dass Felgenlinie auf Reifen parallel zur Felge verläuft.

Baugruppen

Ausbau

Wie in Kapitel 3 gesehen, lassen sich alle routinemässigen Wartungsarbeiten an der VX bei eingebautem Motor erledigen, und auch die Prüfung einzelner Baugruppen (Ölpumpe/-druck, Generatorleistung) setzt einen funktionstüchtigen Motor voraus.
Falls eine Totaldemontage ansteht, empfiehlt es sich, vor Motorausbau die Baugruppen Kupplung und Generator-Rotor zu demontieren. Ausbau des Generator-Rotors ist jedoch kein Muss zum Zerlegen des Motorgehäuses.
Das senkt zwar kaum das Gewicht des Rumpfmotors, und ein zweiter Mann wird beim Herausheben des Motors auf jeden Fall benötigt, erleichtert jedoch die Arbeit an genannten Baueinheiten, da zum Lösen der einen oder anderen Schraubverbindung ein mittels Hinterradbremse blockierter Motor ganz nützlich ist.

Prüfen und Vermessen

Die ganze Arbeit des Zerlegens nützt wenig, wenn die Teile nur nach augenscheinlicher Begutachtung wieder zusammengebaut werden.
Leider aber stösst der Privatmann beim Vermessen schnell an seine Grenzen, denn mit Mess-Schieber und Haarlineal allein ist es nicht getan. Nicht viele haben ihre private Werkstatt mit Messuhr, Messdornen oder Mikrometern in verschiedenen Weiten ausgerüstet, und es muss jeder für sich entscheiden, ob sich die Anschaffung dieser teuren Geräte lohnt.
Ganz spezielle Utensilien sind aber auch für Leute mit normalem Geldbeutel erschwinglich, zum Beispiel «Plastigage», ein feiner Kunststoffstreifen, mit dem das Spiel in Gleitlagern gemessen werden kann.
Richtiges Messen will gelernt sein. Deshalb vertraut der Unerfahrene diese wichtige Arbeit der Werkstatt an.

Montage

Wenn die VX dann mit ihren Einzelteilen in Kisten, Kästen und Schubladen in der Werkstatt liegt und auf die Wiedererstehung wartet, geht der vorrausschauende Hobbymechaniker noch einmal in sich:
Liegt das passende Werkzeug bereit? Sind die benötigten Ersatz- und Verschleissteile vollzählig besorgt? Sind alle Teile korrekt vermessen und auf Verschleiss geprüft worden?
Solange das Motorrad noch zerlegt herumliegt, ruhig nochmal ins Gewissen reden, denn jetzt lassen sich die Teile am einfachsten auswechseln. Also alles noch kritischer als sonst begutachten!
Wenn zum Beispiel ein Getriebezahnrad leichte Pitting-Bildung an den Zahnflanken aufweist, würde es bestimmt nochmal 10000 Kilometer schadlos seine Arbeit verrichten. Aber dann zerbröselt es garantiert während der Urlaubsfahrt in Sizilien. Ein neues Zahnrad kostet nicht die Welt, teuer wird erst der Einbau.

Wenn wirklich alles bereit liegt, kann die Schrauberei beginnen, damit Stunden später ein neuwertiges Motorrad aus der Werkstatt rollt.

4 Vergaser

4.1 Ausbau

Hinterer Vergaser wird mit Vergaser Nr. 1 bezeichnet, vorderer mit Vergaser Nr. 2.

- Sitzbank, Tank- und Luftfilterdemontage siehe Wartungskapitel.
- Kraftstoffschlauch vom hinteren Vergaser abnehmen.
- Unterdruckschlauch zur Kraftstoffpumpe vom Einlass-Stutzen des vorderen Vergasers abnehmen.

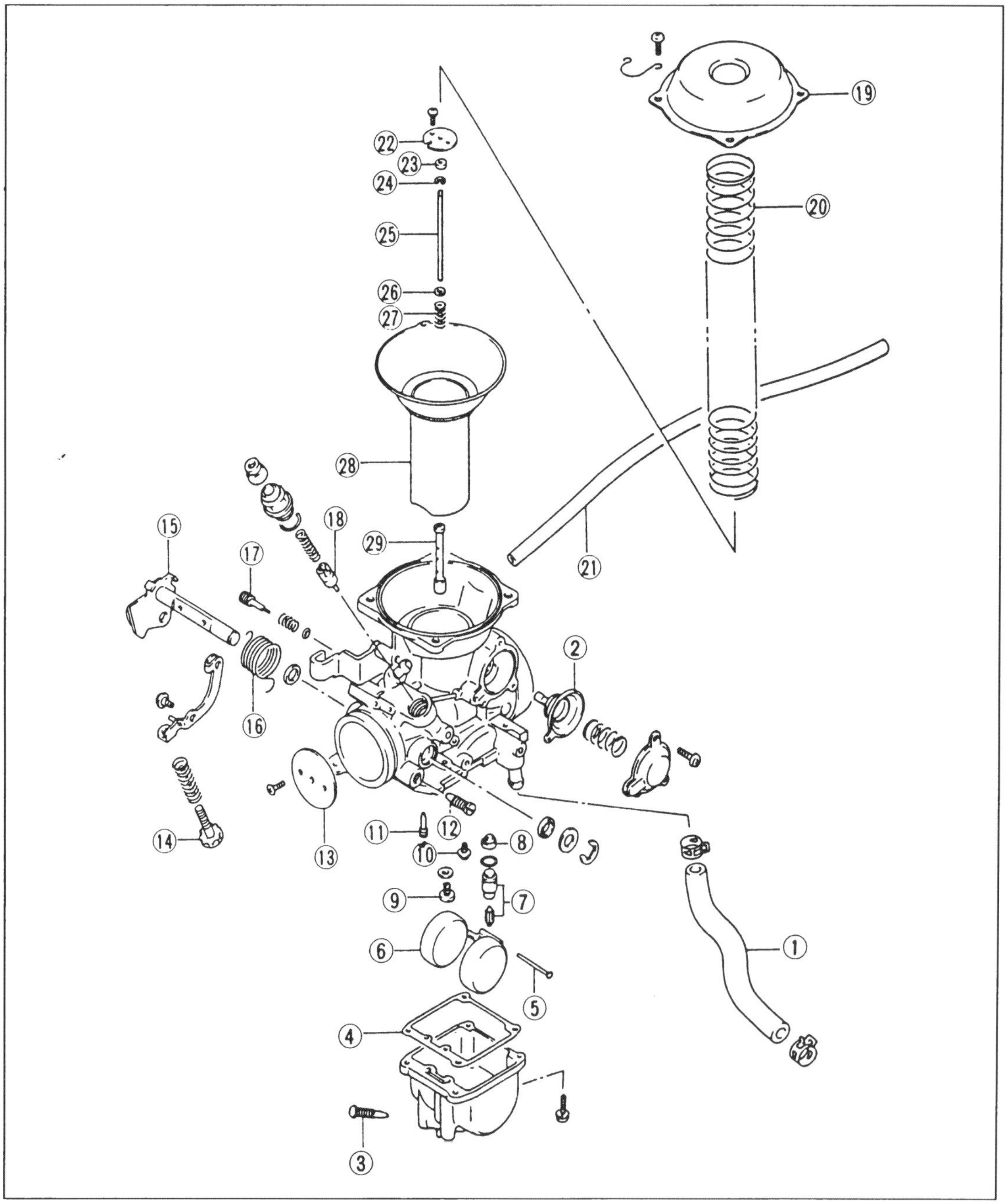

Bild 42
Vergaser 1 (hinten)
1 Kraftstoffschlauch
2 Leerlaufventil
3 Ablass-Schraube
4 Dichtung
5 Schwimmerstift
6 Schwimmer
7 Nadelventil
8 Filter
9 Hauptdüse
10 Nadelventil-Anschlagschraube
11 Vordüse
12 Ausgleichsschraube
13 Drosselklappe
14 Anschlagschraube
15 Drosselklappenwelle
16 Rückstellfeder
17 Leerlaufgemisch-Einstellschraube
18 Chokekolben
19 Vergaserdeckel
20 Feder
21 Entlüftungsschlauch
22 Scheibe
23 Distanzhülse
24 Klemmring (E-Form)
25 Düsennadel
26 Scheibe
27 Feder
28 Kolben
29 Nadeldüse

● Gas- und Chokeseilzüge an Verteilerstücken aushängen, nicht Seilzug-Einsteller verdrehen oder an Vergasern aushängen. Vergaser mit montiertem Abgleich-Seilzug abnehmen. Andernfalls nach Einbau Abgleich vornehmen (Kapitel 3.6.2).
● Befestigungsschrauben der Luftfiltergehäuse abnehmen; hinteres nur nach hinten schieben.
● Schlauchklemmen an Vergasern lösen (kein Entfernen erforderlich, siehe Bild 4) und Vergaser abnehmen.
● Sprit aus Schwimmerkammern ablassen: Kraftstoff in geeignetes Auffanggefäss nach Aufdrehen der Ablassschraube ③ Bild 42 und ⑨ Bild 43 ablassen.
● Überwurfmuttern der Chokekolben 14 Bild 42 und 18 Bild 43 ausdrehen und Chokekolben abnehmen.
● Abgleich-(Synchronisier-)Seilzug wenn möglich nicht lösen.

Zerlegen der Vergaser:

● Vier Kreuzschlitzschrauben lösen und Vergaserdeckel 19 Bilder 42 und 43 abnehmen.
● Feder und Membran samt Kolben entnehmen.
● Zum Ausbau der Düsennadel zwei Befestigungsschrauben im Kolben ausdrehen und Nadel samt Feder und Scheibe herausschütteln.
● Befestigungsschrauben des Schwimmerkammer-Deckels mit Schlagschrauber ausdrehen und Deckel abnehmen.
● Schwimmerachse von Hand herausziehen und Schwimmer samt Nadelventil abnehmen. Ventilsitz mit Dichtscheibe und Filtersieb nach

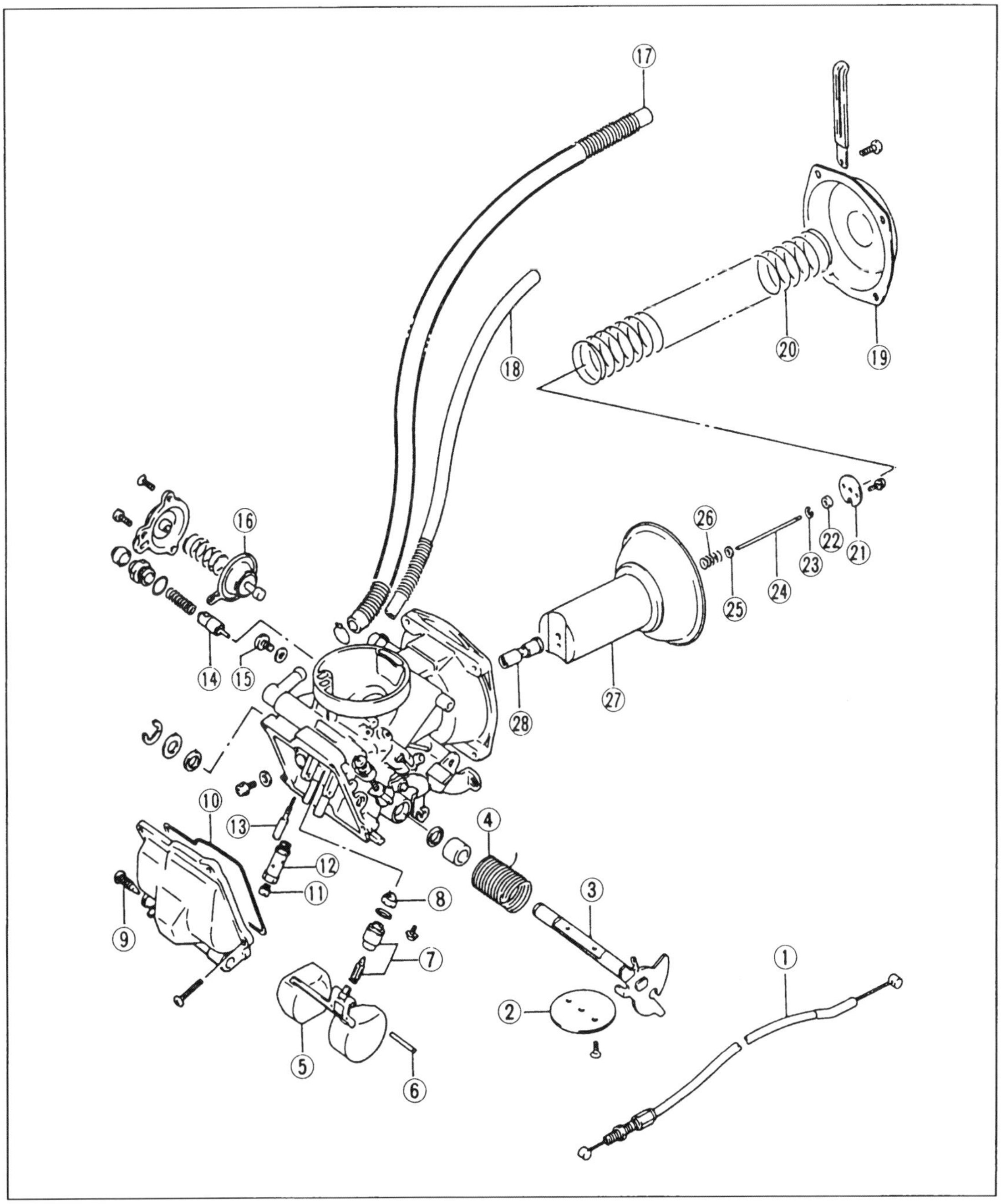

Bild 43
Vergaser 2 (vorn)
1 Abgleichkabel
2 Drosselklappe
3 Drosselklappenwelle
4 Rückholfeder
5 Schwimmer
6 Schwimmerstift
7 Nadelventil
8 Filter
9 Ablass-Schraube
10 Dichtung
11 Hauptdüse
12 Hauptdüsenhalter
13 Vordüse
14 Chokekolben
15 Ausgleichsschraube
16 Leerlaufventil
17 Kraftstoffschlauch
18 Entlüftungsschlauch
19 Vergaserdeckel
20 Feder
21 Düsennadel-Anschlagscheibe
22 Distanzhülse
23 Klemmring (E-Form)
24 Düsennadel
25 Scheibe
26 Feder
27 Kolben
28 Nadeldüse

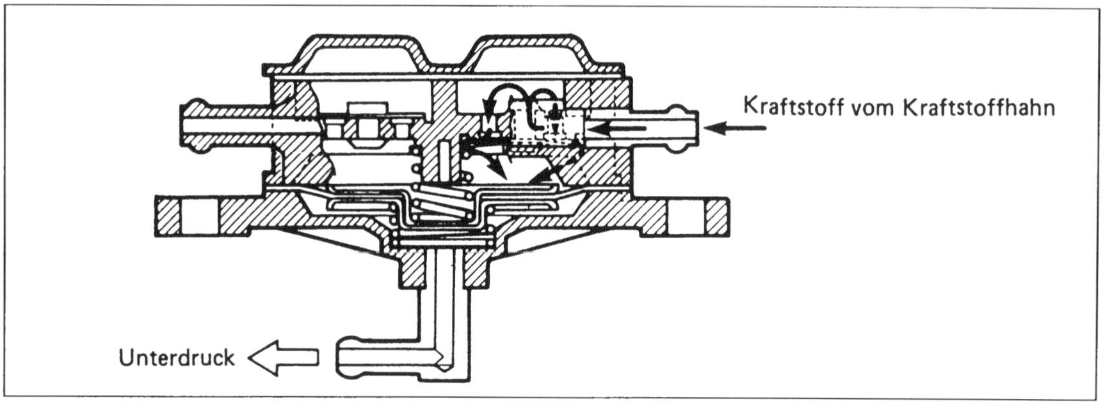

Bild 44
Kraftstoffpumpe
beim Ansaugen

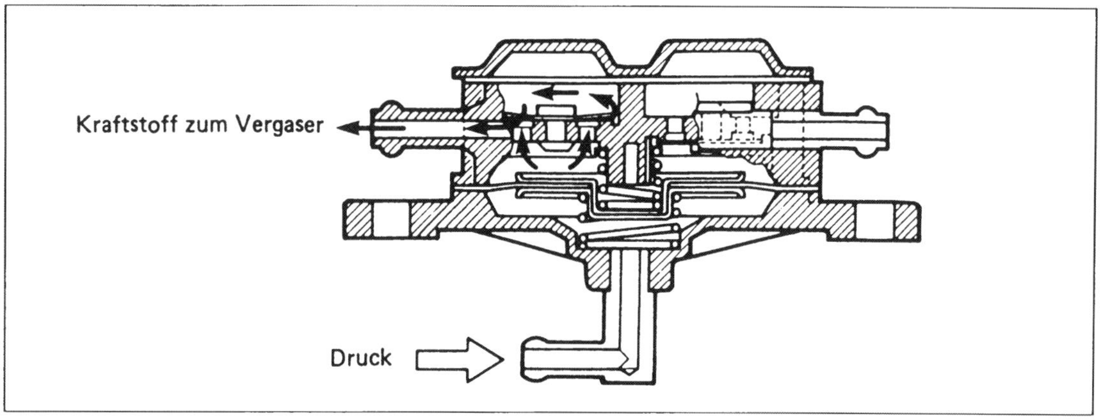

Bild 45
Kraftstoffpumpe beim Fördern

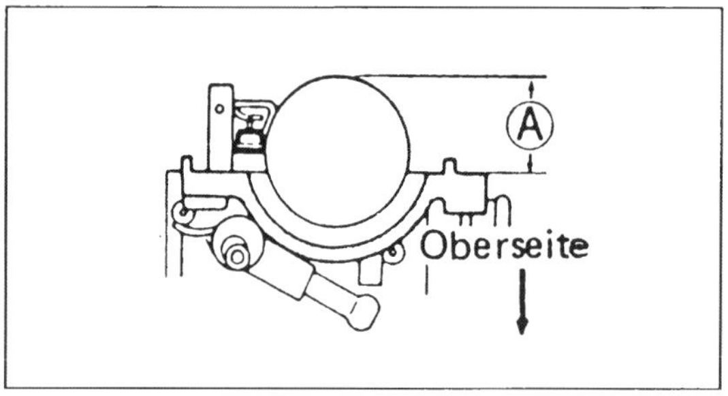

Bild 46
Schwimmerstand messen
an Vergaser 1
A 27,7 ± 1 mm

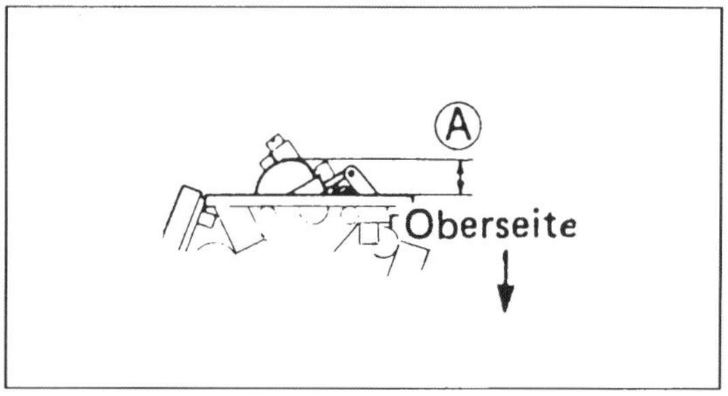

Bild 47
Schwimmerstand messen
an Vergaser 2
A 9,1 ± 1 mm

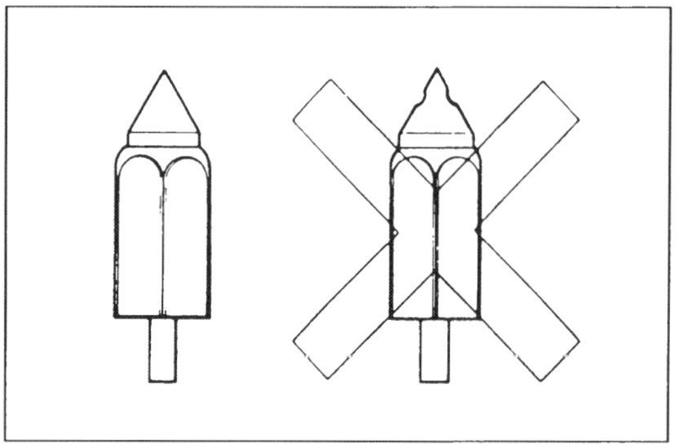

Bild 48
Ventilkegel darf keine Riefen
aufweisen

Ausdrehen der Sicherungsschraube entnehmen.

- Haupt- und Leerlaufdüse ausdrehen.
- An Vergaser Nr. 2 Düsenhalter/Mischrohr 12 Bild 43 abnehmen (Sechskant SW 6 ausdrehen).
- Nadeldüse von Hand nach oben ausdrücken.
- **Gemischregulierschraube** ist vom Werk voreingestellt, deshalb nicht verstellen: Schraube vorsichtig im Uhrzeigersinn eindrehen bis sie leicht aufsitzt, und Anzahl der Umdrehungen notieren; dann Schraube ausdrehen.
- ⚠ Schraube nicht gegen Sitz anziehen, da dieser sonst beschädigt wird.
- Deckel der Schubbetrieb-Anreicherungsmembran nach Ausdrehen von drei Kreuzschlitzschrauben abnehmen. Auf Verbleib der Feder achten.
- Falls nötig, unterdruckbetätigte Kraftstoffpumpe Bilder 44 und 45 (Einbaulage siehe Bild 2) nach Trennen der Schläuche und Ausdrehen der Befestigungsschrauben abnehmen.

4.2 Prüfen und Vermessen

- 👁 Schieberkolben darf keine Riefen, Kratzer oder sonstige Beschädigungen aufweisen und muss im Vergasergehäuse ungehindert auf- und abgleiten können. Falls schwergängig: erneuern.
- 👁 Düsennadel darf keine Verbiegung oder

sonstige Beschädigungen aufweisen.

● Düsenhalter/Mischrohr und Nadeldüse dürfen keine Anlaufstellen der Düsennadel aufweisen, andernfalls Nadel und Düse wechseln.

● Membran von Schieberkolben und Anreicherungssystem darf keine porösen Stellen oder Risse haben. Falls defekt: austauschen.

● Schwimmer auf Verformungen oder Kraftstoff im Inneren untersuchen.

● Gemischregulierschraube auf Beschädigungen untersuchen.

● Schwimmerstand bei montierten Schwimmern messen, siehe Bilder 46 und 47:

● Vergasergehäuse auf Kopf stellen.

● Schwimmerstand mit Mess-Schieber bei geschlossenem Schwimmerventil messen. Abstand Schwimmer-Unterkante/Gehäusekante muss bei anliegendem, jedoch nicht eingedrücktem Ventilkegel, am hinteren Vergaser 1 27,7 ± 1 mm, am vorderen Vergaser 2 9,1 ± 1 mm betragen. Korrekturen durch Nachbiegen der Schwimmerzunge vornehmen.

● ⚠ Sämtliche Düsen und Kanäle mit Druckluft durchblasen, keinesfalls mit Nadel oder Draht reinigen! Ausnahme: Filtersieb am Schwimmerventil mit feinem Pinsel auswaschen. Schwim-

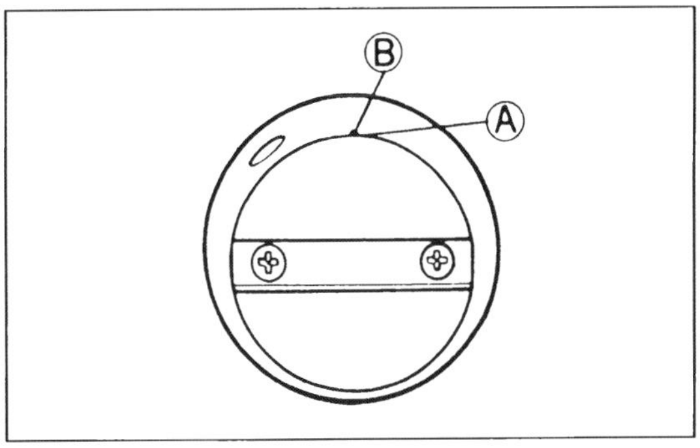

Bild 49
Drosselklappenkante A auf vorderste Bypass-Bohrung B ausrichten

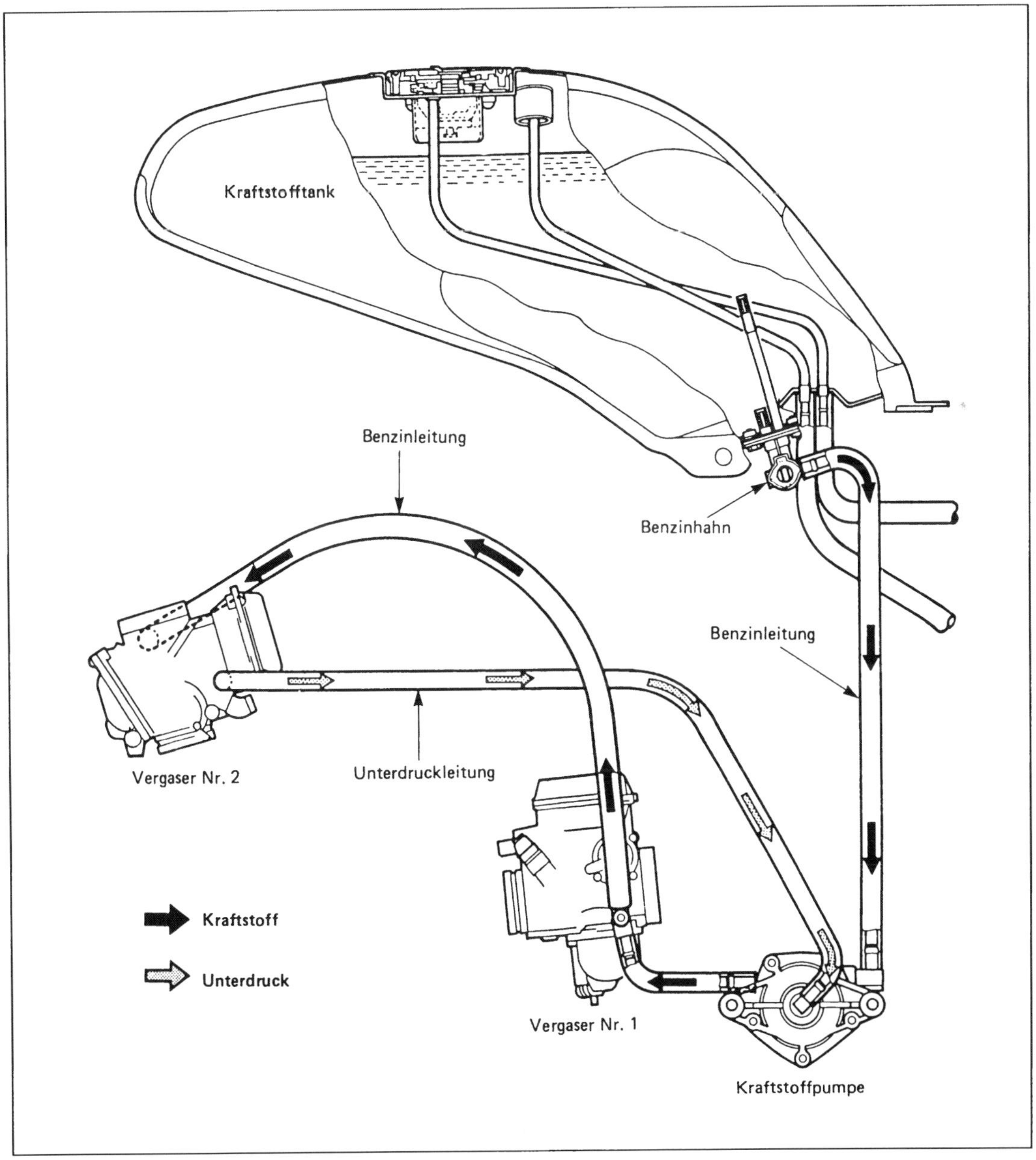

Bild 50
Anschluss der Kraftstoff- und Unterdruckschläuche

merventil-Kegel darf keine Riefen oder Kerben haben (Bild 48).

- Drosselklappenwelle bei ausgehängter Rückholfeder auf spielfreie Lagerung im Vergasergehäuse kontrollieren.
- Kraftstoffpumpe auf lose Schrauben kontrollieren.

4.3 Vergaser-Montage

- Vor Einbau der Düsen sämtliche Durchlässe und Bohrungen mit Druckluft freiblasen. Ausnahme: Schwimmerventil-Filtersieb (mit Pinsel reinigen).
- Nadeldüse von oben in Gehäuse eindrücken. Dabei Nut der Nadeldüse auf Fixierstift im Gehäuse ausrichten.
- Düsenhalter, Leerlauf- und Hauptdüse eindrehen.
- Schwimmer-Ventilsitz mit Filtersieb und geöltem O-Ring eindrücken und mit Schraube sichern.
- Schwimmer mit Ventilkegel einsetzen und Lagerstift des Schwimmers eindrücken.
- Gemischregulierschraube leicht bis zum Aufsitzen eindrehen und dann um die beim Ausbau notierte Anzahl von Umdrehungen herausdrehen. Schraube nicht gegen Sitz anziehen!
- Grundstellung Vergaser Nr. 1 (hinterer): Nach Aufsitzen $1\frac{1}{8}$ Umdrehungen (Schweiz: 2 Umdrehungen) herausdrehen.
- Grundstellung Vergaser Nr. 2 (vorderer): Nach Aufsitzen 1 Umdrehung (Schweiz: $1\frac{1}{4}$ Umdrehungen) herausdrehen.
- Dichtgummi des Schwimmerkammer-Deckels ölen und Deckel befestigen.
- Düsennadel mit Scheibe und Feder in Unterdruckkolben einsetzen. Sicherungsblech mit zwei Schrauben befestigen.
- Unterdruckkolben in Vergasergehäuse einsetzen. Darauf achten, dass Membran sauber zum Sitzen kommt. Membranlasche muss in Gehäusenut eingreifen.
- Deckel mit Feder befestigen (vier Kreuzschlitzschrauben).
- Kolben auf freie Beweglichkeit kontrollieren.
- Membran und Feder des Luftabsperrventils anbringen. Beim Aufsetzen des Deckels Membran nicht einklemmen und darauf achten, dass Membrannase in Gehäusenut sitzt.
- Chokeseilzug an Kolben anbringen und Kolben einsetzen. Kunststoff-Überwurfmutter nicht zu fest anziehen.

Grundeinstellung der Drosselklappen:

- Oberkante der Drosselklappen auf vorderste Bypassbohrung ausrichten (Bild 49).
- Chokeseilzug auf einwandfreie Funktion prüfen, er muss leicht zu betätigen sein.
- Drosselklappenbetätigung durch Drehen der Seilzugaufnahme auf Schwergängigkeit prüfen.
- Vergasereinbau in umgekehrter Reihenfolge des Ausbaus.
- Kraftstoff- und Unterdruckschläuche wie in Bild 50 gezeigt anschliessen.
- Seilzugspiel, Abgleich und Leerlaufdrehzahl kontrollieren, wie ab Seite 11 beschrieben.

5 Starter

5.1 Ausbau

Der Starter kann bei eingebautem Motor ausgebaut werden.

- ⚠ Bei ausgeschalteter Zündung zuerst Masse-Kabel der Batterie abklemmen, bevor Arbeiten am Starter vorgenommen werden.
- Kühlmittel ablassen (siehe Kapitel 3.10) und Kühlmittelrohr vom hinteren Zylinder abnehmen.
- Zwei Befestigungsschrauben des Starterdeckels abnehmen (Bild 51).
- Plus-Kabel von Starter trennen, zwei Befestigungsschrauben SW 8 herausdrehen und Starter abnehmen (Bild 52).
- Zwei Gehäuseschrauben ausdrehen, Rück- und Frontdeckel abnehmen (Bild 53).
- Bürstenfedern aushebeln und Kohlebürsten aus ihren Führungen herausführen.
- Anker vorsichtig herausführen. Anzahl und Lage der Beilagscheiben notieren.

Bild 51
Zwei Deckelschrauben ausdrehen

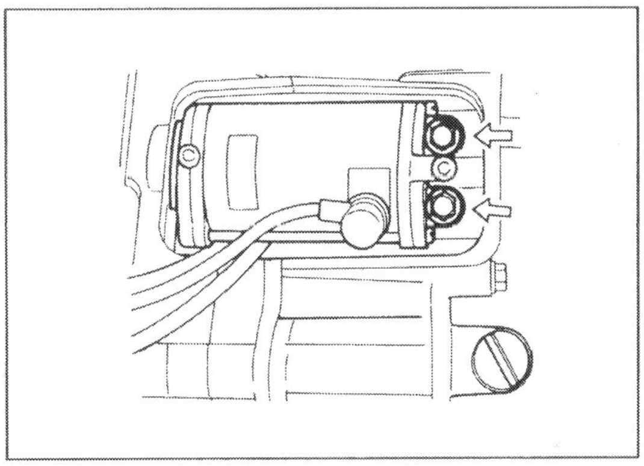

Bild 52
Starter-Befestigungsschrauben und Pluskabel

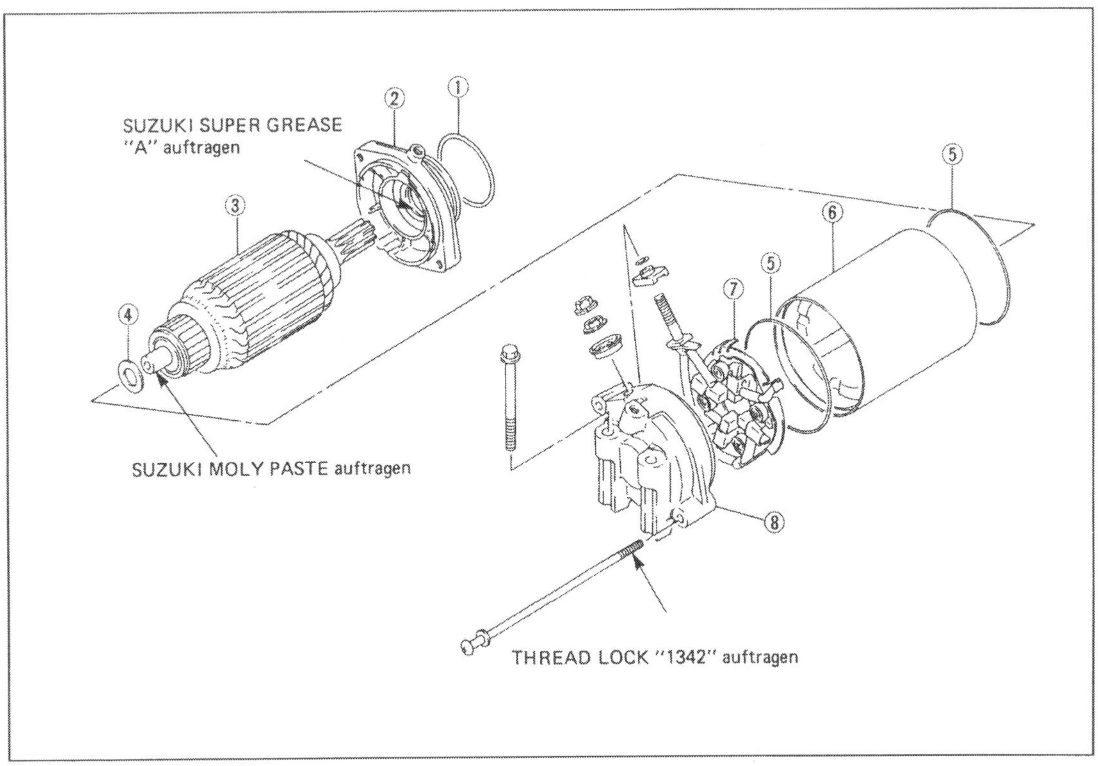

Bild 53
Starter
1 O-Ring
2 Rückdeckel
3 Anker
4 Scheibe
5 O-Ring
6 Gehäuse
7 Bürstenhalterplatte
8 Frontdeckel

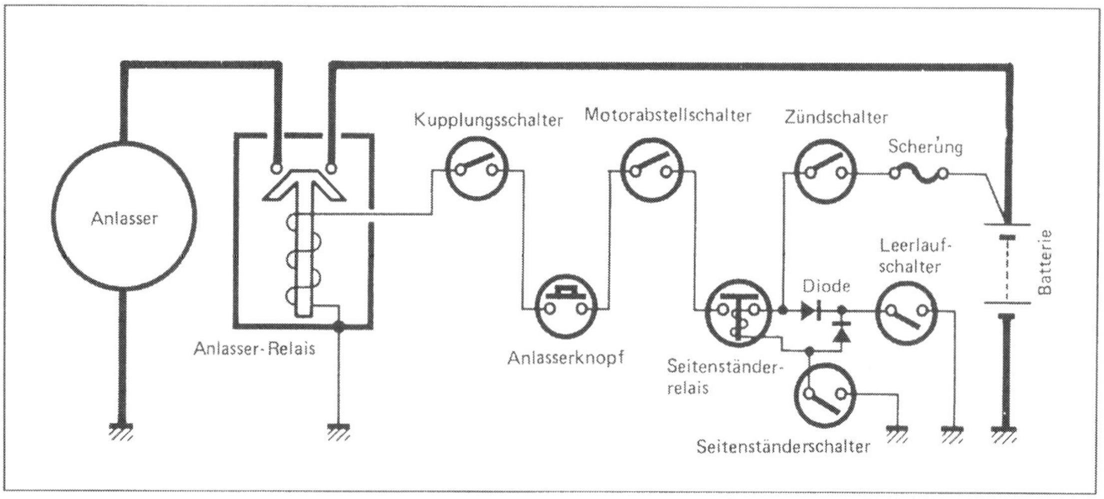

Bild 54
Schaltschema Startersystem

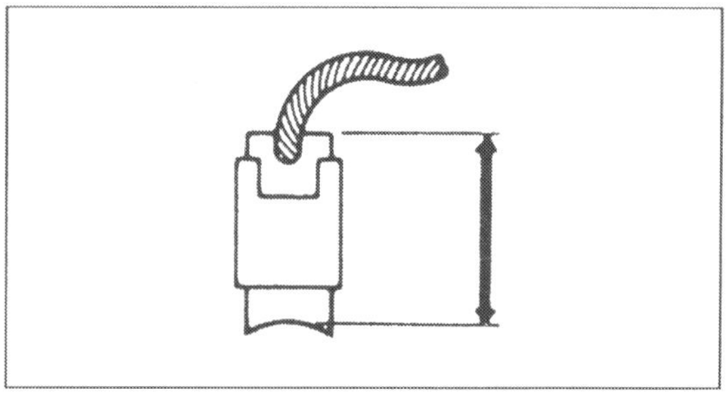

Bild 55
Bürstenlänge messen

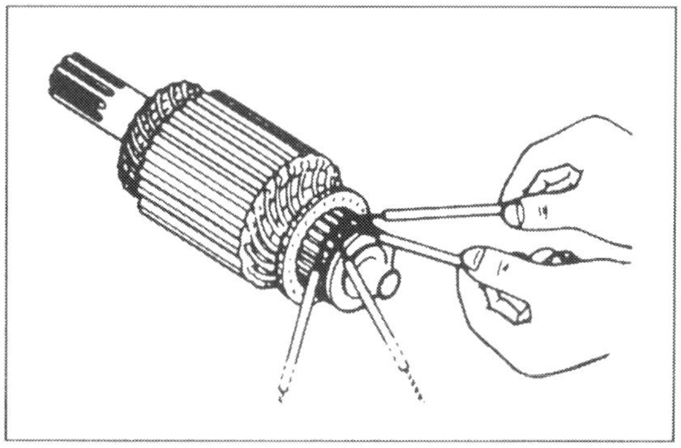

Bild 56
Anker und Kollektorlamellen auf Durchgang und Kurzschluss prüfen

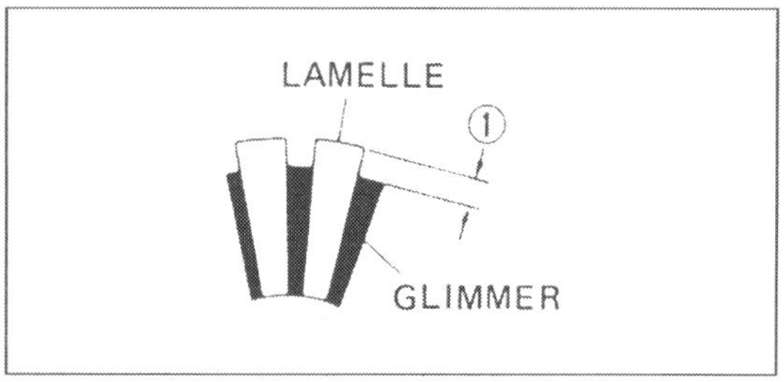

Bild 57
Glimmerunterschneidung ① prüfen

Bild 58
Starterrelais links neben Batterie

5.2 Prüfen und Vermessen

Prinzipdarstellung des Startsystems siehe Bild 54.

● Profil-, O-Ringe und Dichtlippen des Wellendichtrings des Starters auf Beschädigung überprüfen.

● Bürstenlänge messen, Verschleissgrenze 9 mm (Bild 55).

● Es darf kein Stromdurchgang zwischen Kabelanschluss und Gehäuse bestehen. Stromdurchgang zum schwarzen Bürstenanschlusskabel (Minusbürste) ist normal.

● Kollektorlamellen dürfen keine Verfärbungen aufweisen; paarweise verfärbt deuten sie auf geerdete Ankerwicklungen hin.

● Stromdurchgang zwischen einzelnen Kollektorlamellen ist normal, bei Stromdurchgang zwischen Kollektorlamelle und Ankerwelle Anker auswechseln (Bild 56).

● Spalttiefe zwischen einzelnen Kollektorlamellen (Glimmerunterschneidung) muss mindestens 0,2 mm tief sein (Bild 57). Gegegebenenfalls mit Metallsägenblatt tiefer bringen. Anschliessend mit 600er Schmirgelleinen abziehen.

Zur Prüfung des **Startmagnetschalters** (Bild 58) müssen, wie zu allen anderen aussagefähigen Messungen des Elektrik-Systems auch, die Stekker auf Wackelkontakte oder korrodierte Kontaktstifte untersucht werden.

● Durchgangsprüfung (Bild 59): Starterkabel vom Starterrelais trennen. Zündung einschalten, Kupplungshebel ziehen und Starterknopf drücken. Es muss Stromdurchgang zwischen den «Starkstrom»-Anschlüssen bestehen.

● Spulentest (Bild 60): Kabel vom Relais trennen und Spule auf Erdung, Stromkreisunterbrechung und Widerstand prüfen. Sollwert 2 bis 6 Ω.

Falls Relais defekt:

● Pluskabel des Starters mit Überbrückungskabel (mit entprechendem Querschnitt – hohe Stromstärke!) direkt an Batterie-Pluspol legen: Starter muss arbeiten.

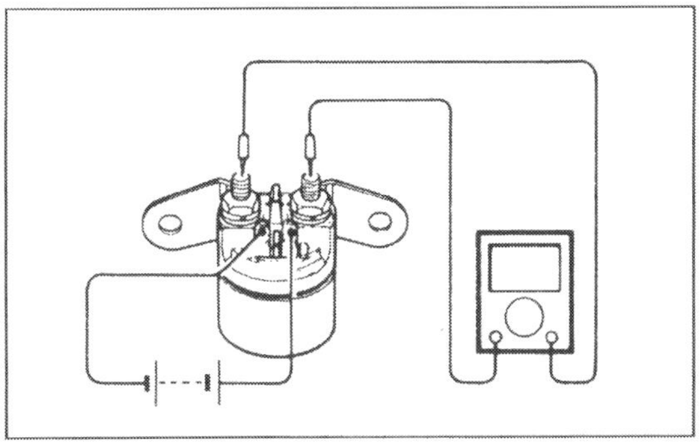

Bild 59
Durchgangstest

5.3 Starter-Montage

● Anker mit der bei Demontage notierten Anzahl von Beilagscheiben versehen und in Gehäuse einführen.
● Bürstenhalterplatte einsetzen. Dabei Nase der Platte auf Gehäusekerbe ausrichten.
● Deckel mit geöltem O-Ring aufsetzen, dabei auf Flucht der Schraubenbohrung mit Gewinde achten.
● Zwei Gehäuseschrauben anbringen (flüssige Schraubensicherung beigeben) und Starter (O-Ring geölt) an Motorgehäuse anbringen.
● Starter-Befestigungsschrauben mit flüssiger Schraubensicherung anbringen (Bild 61).
● Starter-Abdeckung und Kühlmittelrohr wieder anbringen. Kühlkreislauf befüllen und entlüften (Kapitel 3.10).

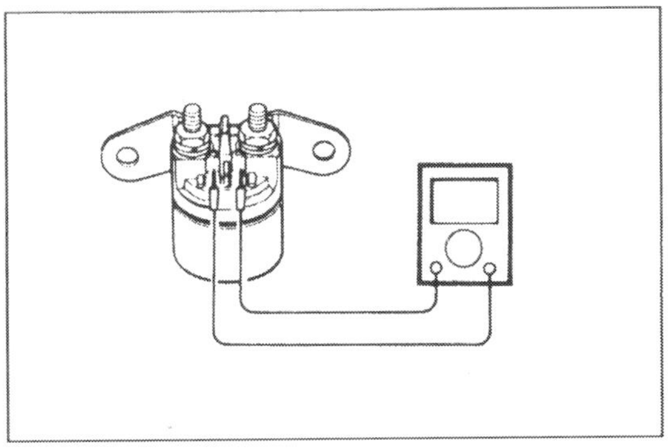

◄ **Bild 60**
Spulentest

Bild 61
Befestigungsschrauben mit flüssiger Schraubensicherung anbringen

6 Generator, Zündsystem und Starterfreilauf

Bild 62
Generator-Deckel
1 Befestigungsschraube mit Dichtscheibe

Bild 63
Rotor-Befestigungsschraube lösen

Bild 64
Rotor abdrücken

Bild 65
Befestigungsschrauben der Stator- und Zündimpulsgeber-Spulen. Hier übrigens mit zwei Impulsgebern der «kleinen» Intruder. VX 800 nur mit einer Spule

6.1 Ausbau

Generator (früher Lichtmaschine), Zündimpulsgeberspulen oder Zündspulen müssen zum Prüfen der Leistung oder Messen des Spulenwiderstands nicht ausgebaut werden.

● Generator-Kabel am Stecker trennen und freilegen.

● Deckelschrauben (Bild 62) lösen und Generatordeckel abnehmen. Auf Verbleib der zwei Passhülsen achten.

● Starterzwischenräder samt Wellen entnehmen.

● TIP Kurbelgehäuse kann bei montiertem Rotor getrennt werden.

● Generatorrotor-Befestigungsschraube ausdrehen (Bild 63) und Rotor mit Spezialwerkzeug abdrücken (Bild 64).

● ⚠ Darauf achten, dass Rotor bei eventuellem «Absprengen» nicht hart landet, da so Rotor entmagnetisiert.

● Starterfreilauf nach Ausdrehen von sechs Innensechskantschrauben im Rotor abnehmen.

● Generatorspulen und Zündimpulsgeberspule (Bild 65) können nach Ausdrehen der Kreuzschlitzschrauben aus Deckel entnommen werden.

● Gegebenenfalls Steuerkette nach Abnehmen der Spannerschiene (eine Befestigungsschraube SW 10) herausfädeln.

6.2 Prüfen und Vermessen

6.2.1 Ladesystem (Bild 66)

Ladespannung:

● Vor Prüfung sich vergewissern, dass Batterie voll geladen ist und Batteriespannung mindestens 12,8 Volt beträgt.

● Voltmeter wie in Bild 67 gezeigt zwischen Plus- und Minuspol der Batterie (voll geladen) anschliessen, Motor starten und Drehzahl langsam erhöhen.

● Spannung muss ab etwa 5000/min 13,5

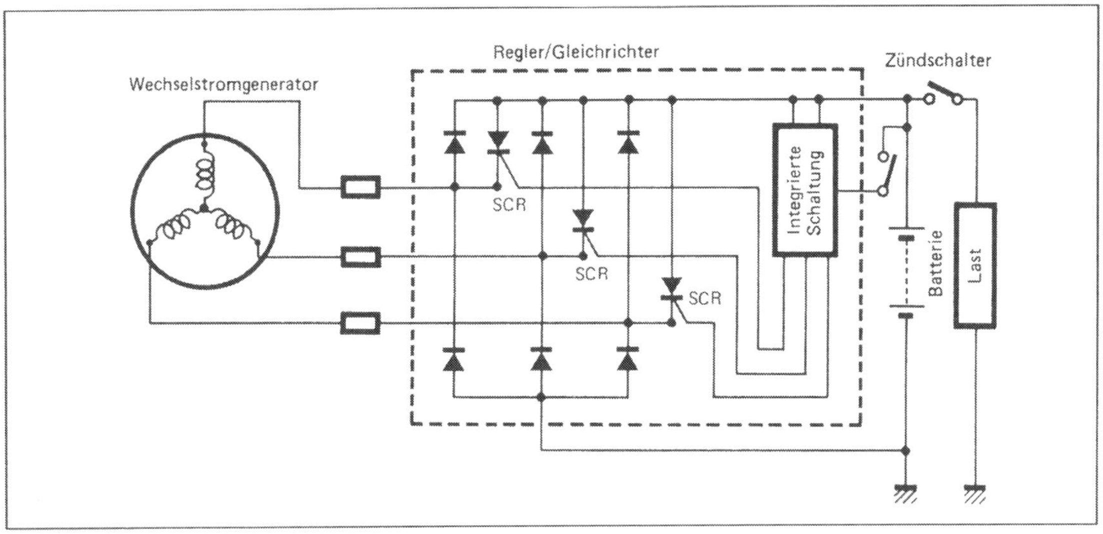

Bild 66
Ladesystem

bis 15,5 V betragen.

Nullast-Leistung:

● Voltmeter wie in Bild 68 gezeigt zwischen gelben Kabeln anschliessen, Motor starten und Drehzahl langsam erhöhen.

● Spannung muss ab 5000/min über 75 V betragen.

● **Statorspulen** des Generators sind in Ordnung, wenn zwischen den gelben Kabeln jeweils Durchgang besteht (Bild 69). Es darf kein Masseschluss der gelben Kabel vorliegen.

Regler/Gleichrichter:

● Stecker von Gleichrichter/Regler (Einbaulage Bild 70) abziehen und Widerstandswerte an Steckern (Bild 71) nach Tabelle (Bild 72) messen.

● Regler ersetzen, wenn Widerstandswerte nicht erreicht werden. Dabei beachten, dass, bei Verwendung anderer Messgeräte als SUZUKI-Taschentester, Widerstandswerte vom angegebenen Wert abweichen können.

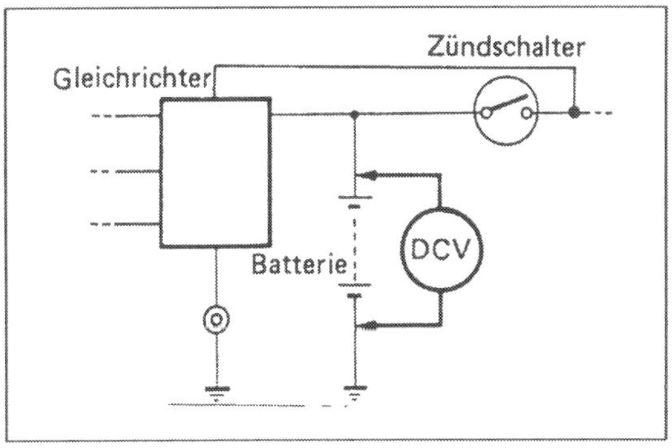

Bild 67
Ladespannung messen

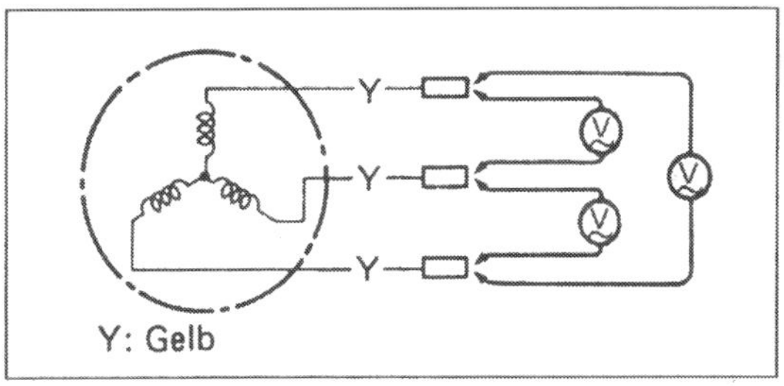

Bild 68
Nullastspannung messen

6.2.2 Zündsystem (Bild 73)

● ⚠ Widerstandsmessungen der Zündspule sind grundsätzlich nur mit Vorsicht zu geniessen: schadhafte Zündspulen, welche die vorgeschriebenen Werte aufweisen, können im Betrieb (→ Erwärmung) ihren Funken überallhin abgeben,

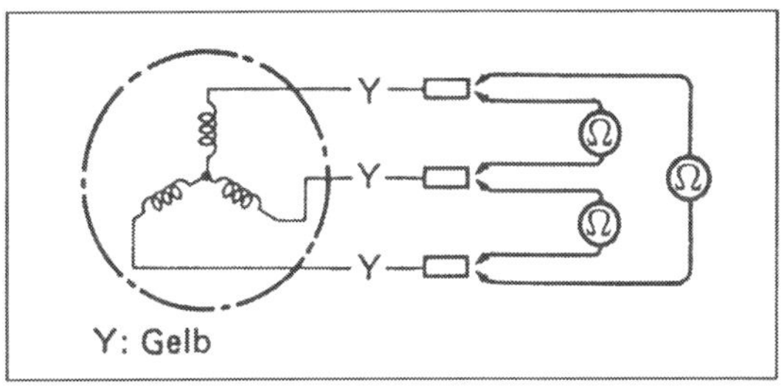

Bild 69
Statorspulen-Widerstand messen

◄ **Bild 70**
Einbaulage
Regler/Gleichrichter

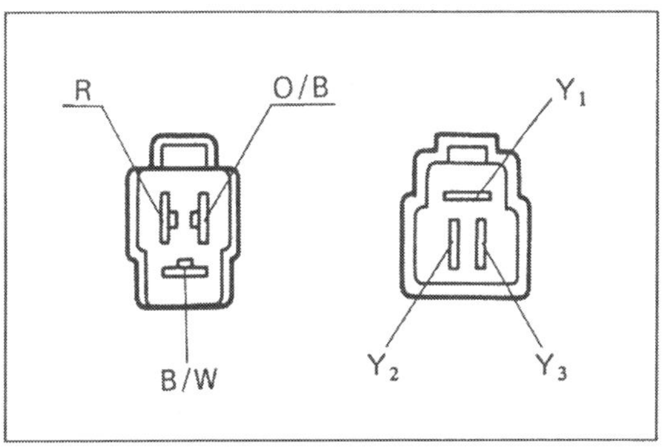

Bild 71
Regler/Gleichrichter-Stecker

Einheit: ca. kΩ

⊖-Sonde des Testers an:	⊕ -Sonde des Testers an:					
	Y_1	Y_2	Y_3	R	O/B	B/W
Y_1		∞	∞	3,0	∞	∞
Y_2	∞		∞	3,0	∞	∞
Y_3	∞	∞		3,0	∞	∞
R	∞	∞	∞		∞	∞
O/B	40	40	40	60		28
B/W	3,0	3,0	3,0	7,5	6	

Y: Gelb, R: Rot, O/B: Orange mit blauem Faden, B/W: Schwarz mit weißem Faden, ∞ : Unendlich

Bild 72
Regler/Gleichrichter-Prüftabelle

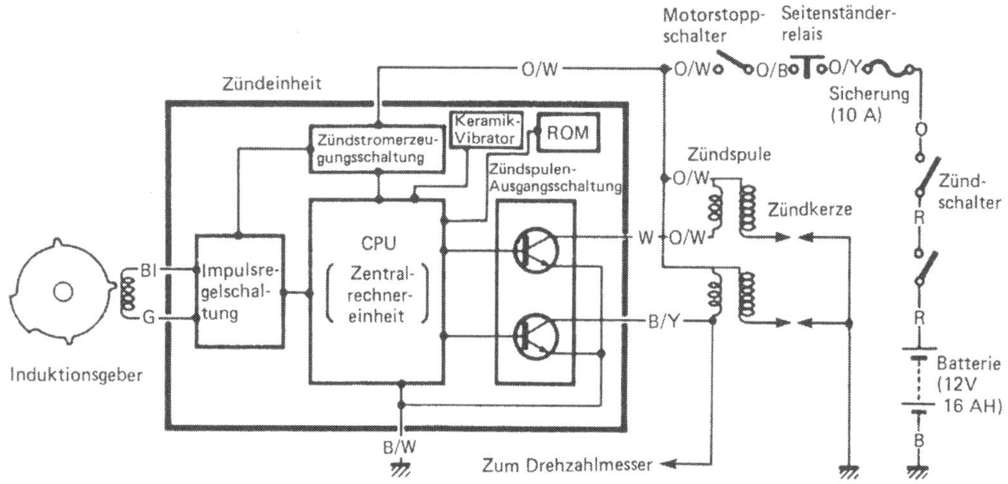

Bild 73
Zündsystem

Bild 74
Rechtes Rahmendreieck
1 Startstromkreis-Relais
2 Blinkrelais
3 Zündspule Zylinder 1 (hinterer)

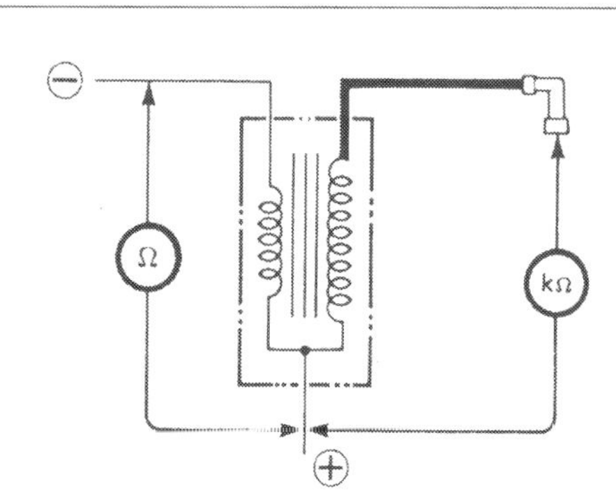

Bild 75
Zündspulenwiderstand messen

nur nicht an die Kerzen!

Genaue Einhaltung der Widerstandswerte ist nicht erforderlich. Wenn die Wicklungen in gutem Zustand sind, werden Sollwerte jedoch annähernd erreicht.

● **Zündspulen**-Widerstand der Primärwicklung zwischen den Anschluss-Kabeln messen (Bild 74). Sollwert: 2 bis 6 Ω. Einbaulage der Zündspulen: Unter Tank am Rahmenoberzug und Bild 74.

● Widerstand der Sekundärwicklung mit Zündkerzen-Steckern messen (Bild 75). Sollwert: 19 bis 27 kΩ.

● Zur Widerstandsmessung der **Zündgeberspulen** Stecker abziehen und Widerstand zwischen grünem und blauem Kabel messen. Sollwert etwa 230 Ω.

Hat sich nach oben stehenden Prüfungen und Messungen immer noch kein Zündfunke eingestellt, steht eine Erneuerung der Transistor-Einheit an. Wer sicher gehen will, dass auch wirklich nur Schrott weggeworfen wird, muss die Zündeinheit in einer SUZUKI-Werkstatt, die über entsprechendes Messgerät verfügt, durchmessen lassen.

● [Symbol] Starterfreilauf darf nur in eine Richtung durchdrehen, in die andere sperren. Ansonsten auswechseln.

● [Symbol] Zähne der Zwischenräder auf Verschleiss und Ausbrüche in der Härteschicht untersuchen.

Bild 76
Generatorrotor mit Starterzwischenrädern und zwei Passhülsen (Kreise). Fehlt nur noch neue Dichtung...

6.3 Montage

● Gegebenenfalls Steuerkette auffädeln und Spannerschiene anbringen (Befestigungsschraube SW 10; 8 bis 12 Nm).

● Nutenstein in Kurbelstumpf einsetzen.

● Kurbelwellen-Konus und Rotor-Sitzfläche entfetten.

● Rotor auf Kurbelwellenkonus aufschieben, dabei Rotornut auf Nutenstein ausrichten.

● Rotor gegenhalten (Bild 63) und Befestigungsschraube, mit flüssiger Schraubensicherung versehen, eindrehen (140–170 Nm).

● Falls demontiert, Ladespulen-, Impulsgeber- und Kabelhalter-Befestigungsschrauben mit flüssiger Schraubensicherung montieren. Darauf achten, dass Kabel nicht an Rotor schleifen kann.

● ⚠ Auf sauberen Sitz der Gummitülle (Dichtmittel auftragen) im Motorgehäuse achten.

● Starterzwischenräder samt Wellen einsetzen (Bild 76). Deckel mit so gut wie neuer Dichtung und zwei Passhülsen aufsetzen; Befestigungsschrauben ① Bild 62 mit neuen Dichtscheiben.

● Stecker wieder einklinken.

7 Kupplung und Primärtrieb

Bild 77
Kupplungsdeckel

Bild 78
Kupplungsschrauben ausdrehen

Bild 79
Zentralmutter lösen

Bild 80
Seegerring aushebeln

7.1 Ausbau

● TIP Wechsel der Kupplungsscheiben ist bei eingebautem Motor ohne Spezialwerkzeug machbar.
Falls eine Totaldemontage ansteht und kein Kupplungskorb-Halter zur Verfügung steht, kann bei eingebautem Motor mittels gebremstem Hinterrad die Hauptwelle blockiert werden.
● Rechten Krümmer/Auspuff abnehmen.
● Motoröl ablassen oder Maschine sehr weit nach links lehnen.
● Deckelschrauben (Bild 77) ausdrehen und Deckel abnehmen. Auf Verbleib der beiden Passhülsen achten.
● Kupplungsfedern schrittweise über Kreuz ausdrehen (Bild 78). Druckkorb mit Ausrücklager abnehmen.
● Belag- und Stahlscheiben entnehmen.
● Mit Universal-Kupplungshalter Innenkorb festhalten und Zentralmutter ausdrehen (Bild 79).
● TIP Falls kein Kupplungshalter zur Verfügung steht, Hauptwelle bei eingelegtem Gang über Hinterrad-Bremse blockieren.
● Falls Totaldemontage ansteht, so auch Befestigungsschraube des Kurbelwellenzahnrad des Primärtriebs lösen (**Linksgewinde**, im Uhrzeigersinn lösen).
● Um Antriebskette der Öl- und Kühlmittelpumpe abzunehmen, Seegerring auf Ölpumpenwelle (Bild 80) und Antriebsrad samt Kette abnehmen.
● Kupplungsnabe bzw. Innenkorb samt Rückdrehmoment-Begrenzer entnehmen, dabei auf Verbleib der Anlaufscheibe achten.
● Kupplungskorb vorsichtig herausführen.

7.2 Prüfen und Vermessen

● Dicke der Kupplungsreibscheiben mit Mess-Schieber messen (Bild 81). Verschleissgrenze Scheibe 1 (kleinerer Innendurchmesser): 2,35 mm; Scheibe 2 (grösserer Innendurchmesser): 3,15 mm.
● Reibscheiben bei Anzeichen von Riefen oder Verfärbung auswechseln.

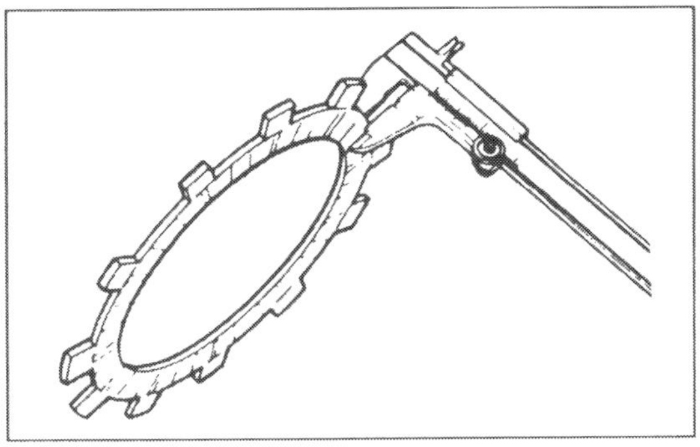

◄ **Bild 81**
Belagstärke messen

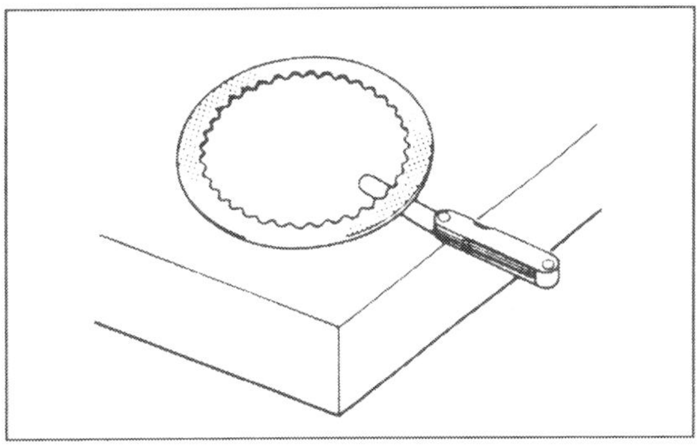

Bild 82
Verzug messen

- Stahlscheiben auf Richtplatte mit Fühlerlehre auf Verzug prüfen (Bild 82). Verschleissgrenze: 0,10 mm.
- Ungespannte Länge der Kupplungsfeder messen (Bild 83). Verschleissgrenze Feder 1: 24,6 mm; Feder 2: 23,3 mm.
- Schlitze im Kupplungskorb dürfen keine von den Reibscheiben verursachten Riefen, Kerben oder Scharten aufweisen, gegebenenfalls mit Feile vorsichtig begradigen.
- Klauenbreite der Reibscheiben messen (Bild 84). Verschleissgrenze 15,0 mm.
- Ausrücklager auf gleichmässige Drehbewegung prüfen.
- Druckstange darf maximal 0,5 mm Schlag aufweisen.
- Schubstange und Druckpilz auf Abnutzung, Ausbrüche in der Härteschicht oder Risse untersuchen. Falls defekt, austauschen.

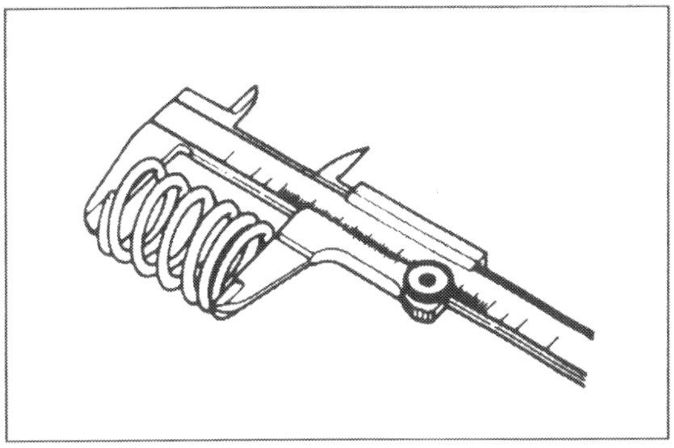

Bild 83
Freie Federlänge messen

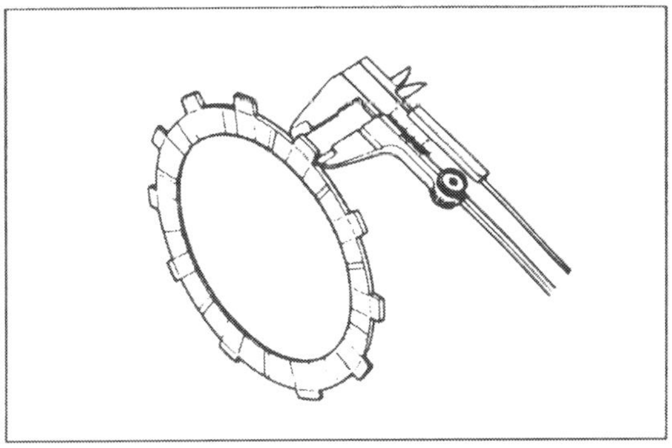

Bild 84
Klauenbreite messen

7.3 Montage

- Hülse und Anlaufscheibe auf Hauptwelle MoS_2-gefettet aufschieben (Bild 85).
- Kupplungskorb mit Lagerhülse und Ölpumpen-Antriebskette aufsetzen (Bild 86).
- Scheibe auf Ölpumpenwelle aufsetzen. Mitnehmerstift zwecks Klebewirkung gefettet in Pumpenwelle einsetzen. Darauf achten, dass sich Mitnehmerstift nicht ins Kurbelgehäuse verabschiedet! Antriebsrad mit übergestreifter Kette auf Welle aufsetzen. Mit Seegerring sichern.

Bild 85
Distanzscheiben aufschieben

◄ **Bild 86**
Kupplungskorb mit Ölpumpen-Antriebskette

Bild 87
Druckscheibe im Korb

Bild 88
Rückdrehmomentbegrenzer einsetzen

Bild 89 ▶
Einbaureihenfolge der Kupplungsscheiben
1 Federsitz
2 Tellerfeder
3 Belagscheibe 2

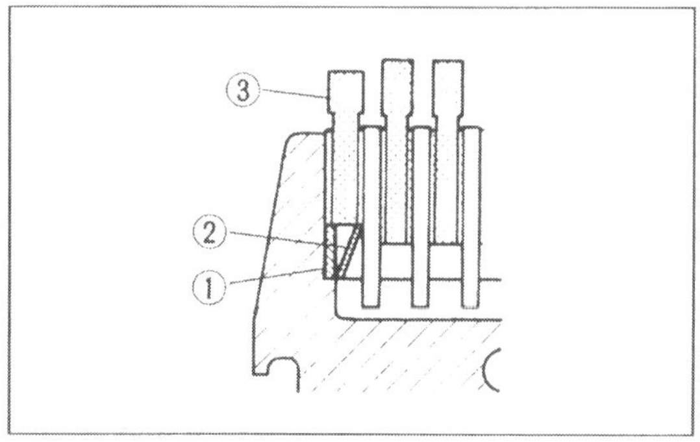

- Druckscheibe mit nach aussen weisender Nut aufsetzen (Bild 87).
- Kupplungs-Nabe aufschieben.
- Rückdrehmoment-Begrenzer so aufsetzen, dass Druckrampe nach hinten weist (Bild 88).
- Hauptwelle mittels Hinterrad-Bremse oder Kupplungshalter festlegen und Zentralmutter anziehen (Bild 79; 50–70 Nm).

Bild 90
Ausrücklager einsetzen

Bild 91
Kupplung/Primärtrieb

- Federsitz und Druckfeder aufsetzen. Aussendurchmesser der Druckfeder weist nach aussen (Bild 89). Es folgt Belagscheibe 2 (grösserer Innendurchmesser als Reibscheiben 1).
- Belag- und Stahlscheiben abwechselnd geölt einsetzen. Erste und letzte Scheibe: Belagscheibe.
- Druckstange und Ausrücklager (Bild 90) gefettet einsetzen.
- Bei Montage der Druckplatte beachten, dass unterschiedlich lange Federn und Schrauben abwechselnd zum Einsatz kommen. Länge der Distanzhülsen ist gleich. Kurze Schrauben samt kurzer Feder mit Rückdrehmoment-Begrenzer verschrauben; lange Schrauben samt langen Federn mit Kupplungsnabe.
- Druckplatte einsetzen. Schrauben mit Distanzhülsen und Federn schrittweise über Kreuz gleichmässig anziehen (12 Nm).
- Falls Primärtrieb demontiert:
- Verdrillten sauberen Putzlappen zwischen Zähne von Kupplungszahnrad und Primärritzel auf Kurbelstumpf verklemmen. Scheibe auf Kurbelstumpf aufsetzen und Befestigungsschraube anziehen (**Linksgewinde**, 80–110 Nm).
- Dichtflächen von Kupplungsgehäuse und Deckel säubern (öl- und fettfrei).
- Zwei Passhülsen einsetzen (Bild 91) und Deckel mit neuer Dichtung aufsetzen.
- Befestigungsschrauben schrittweise über Kreuz anziehen. Einbaulage der Schrauben mit Dichtscheiben siehe Bild 77.

8 Ölpumpe

8.1 Ausbau

Ölpumpe nach Kapitel 3.8 (Öldruck) prüfen. Sie kann bei eingebautem Motor und abgebauten rechtem Auspuff und Kupplung (Kapitel 7) ausgebaut werden.

- Drei Befestigungsschrauben der Ölpumpe ausdrehen (Bild 92) und Pumpengehäuse abnehmen. Ölpumpe nicht weiter zerlegen, sie ist als Ersatzteil nur komplett erhältlich.

8.2 Montage

- Pumpengehäuse freizügig ölen und Pumpenwelle auf freie Drehbarkeit prüfen.
- Gehäuse mit drei Schrauben befestigen (Bild 92; 9–13 Nm).
- Antrieb wie in Kapitel 7 beschrieben montieren.

Bild 92
Ölpumpen-Befestigungsschrauben

9 Schaltmechanismus

Bild 93
Kreuzschlitzschrauben mit Schlagschrauber lösen

9.1 Ausbau

Der Schaltautomat lässt sich bei eingebautem Motor und abgenommener Kupplung (Kapitel 7) warten.
Wartung der übrigen Bauteile (Schaltwalze und -gabeln) wird im Rahmen des Getriebe-Kapitels behandelt.

- Schalthebel nach Ausdrehen der Klemmschraube von Schaltwelle abnehmen. Gegebenenfalls Welle säubern. Schaltwelle nach rechts aus Motorgehäuse ziehen.
- Anschlag und Führungsbleche (Bild 93) abnehmen, dazu Kreuzschlitzschrauben mit Schlagschrauber lösen.
- Befestigungsschraube ausdrehen und Schaltratsche komplett von Hand entnehmen.
Gegebenenfalls die Feder der Schaltwalzen-Arretierung aushängen und Nockenscheibe entnehmen.

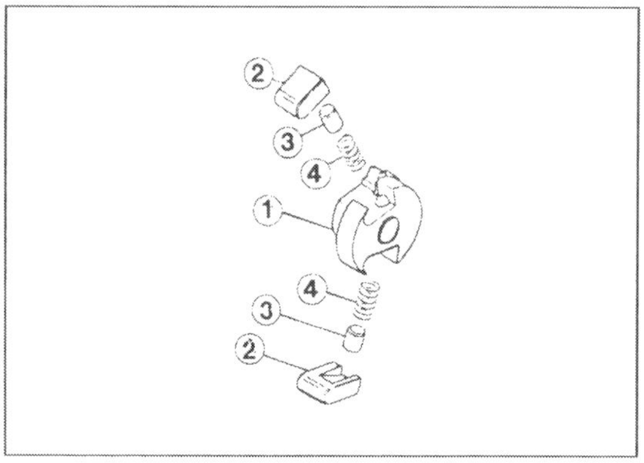

Bild 94
Schaltratsche
1 Schaltsegment
2 Klinke
3 Hülse
4 Feder

9.2 Prüfen und Vermessen

- Feder der Schaltwalzen-Arretierung auf Erlahmung prüfen.
- Nockenscheibe, Klinken und Druckhülsen der Schaltratsche und Walzennabe auf Anlaufstellen und Beschädigung untersuchen.

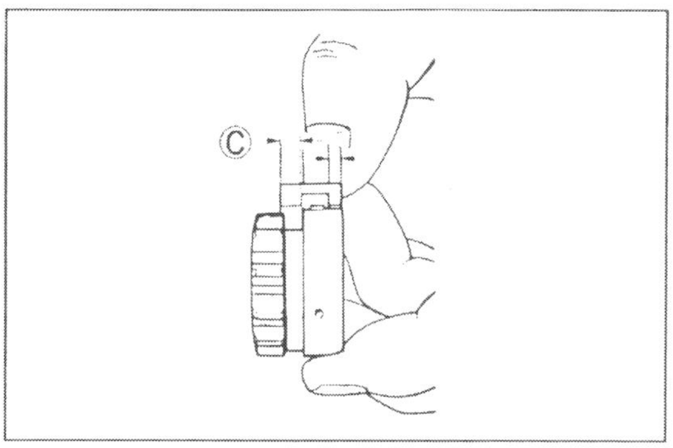

Bild 95
Breite Schulter C weist nach aussen

9.3 Montage

- Distanzscheibe auf Schaltwalze aufsetzen. Nockenscheibe so auf Walze aufsetzen, dass Mitnehmerstifte der Walze in Nockenscheibe eingreifen.
- Schaltratsche Bild 94 so in Nockenscheibe einsetzen, dass breite Schulter C Bild 95 nach aussen weist.
- Befestigungsschrauben und -Muttern der Führungs-, Haltebleche und Schaltratsche mit flüssiger Schraubensicherung versehen eindrehen.

Bild 96
Schaltwelle mit Schenkelfeder

● Schaltwalze unter Drehen der Getriebewellen in Leerlauf-Stellung bringen.
● Schenkelfeder der Schaltwelle wie in Bild 96 gezeigt vorspannen.
● Dichtlippen des Schaltwellen-Dichtrings mit wasserabweisendem Radlagerfett schmieren.
● Beim Einsetzen der Schaltwelle darauf achten, dass Schenkelfeder beidseitig an Gehäusestift anliegt. Zähne von Schaltsegment und Schaltwelle müssen wie in Bild 97 gezeigt ineinandergreifen.

Bild 97
Schaltmechanismus ausrichten

10 Kühlsystem

Bild 98
Kühlmittelpumpe
1 Befestigungsschrauben des Thermostatventils

Bild 99
Befestigungsschrauben der Pumpe

Bild 100
Ausgleichsbehälter

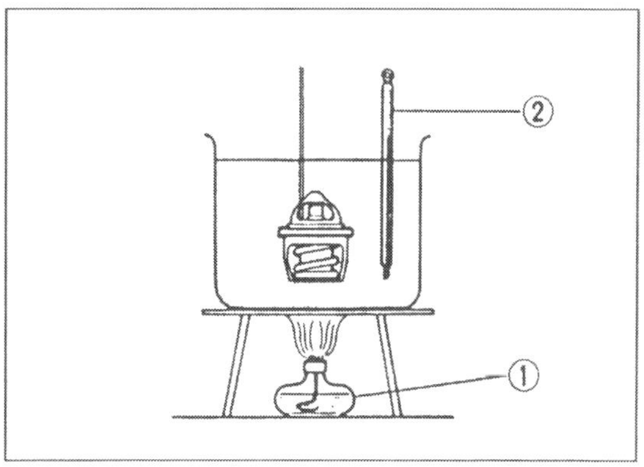

Bild 101
Thermostatventil prüfen
1 Heizgerät
2 Thermometer

10.1 Ausbau

Ablassen der Kühlflüssigkeit und Befüllen ist im Wartungskapitel 3.10 beschrieben.

● Stecker von Thermosensor und Thermoschalter abziehen.
●⚠ Sensor und Schalter mit besonderer Vorsicht behandeln, falls sie zur Prüfung ausgebaut werden (ausschrauben), da sie durch harten Schlag beschädigt werden können.
● Schlauchschellen lösen und Schläuche von Zuleitungsstutzen abnehmen. Kühler vom Rahmen lösen.
● Zum Ausbau der **Kühlmittel-Pumpe** Abdekkung der Kegelradumlenkung (Bild 22) und Schalthebel (nach Abnehmen des Seegerrings) abnehmen.
● Thermostat nach Ausdrehen der Befestigungsschrauben ① Bild 98 samt Deckel abnehmen.
● Deckel der Pumpe nach Ausdrehen der Befestigungsschrauben Bild 98 abnehmen.
● Kurbelwelle am Generatorrotor soweit drehen (Bild 8), dass drei Befestigungsschrauben zugänglich sind (Bild 99) und Schrauben ausdrehen.
● Pumpe am Generatorrotor weiterdrehen, bis unbenutztes Muttergewinde zugänglich ist.
● Pumpe durch Eindrehen entfernter Schraube vom Motorgehäuse abdrücken.
● Ausgleichsbehälter des Kühlsystems (Bild 100) nach Lösen der Befestigungsschrauben abnehmen.

10.2 Prüfen und Vermessen

● 👁 O-Ringe und Wellendichtringe auf Brüchigkeit, Undichtheit oder Beschädigung untersuchen.
Bei Undichtheit die Pumpeneinheit komplett ersetzen.
● 👁 Pumpenwelle auf freie Drehbarkeit prüfen.
● Thermostatventil und Thermometer in wassergefülltes Gefäss hängen. Darauf achten, dass

Thermostatventil Gefässwand nicht berührt (Bild 101).

● Thermostatventil muss bei 73,5°C bis 76,5°C beginnen zu sinken. Wasser weiter erwärmen. Ab 90°C muss Ventil mindestens 6 mm Hub aufweisen (Bild 102). Falls nicht, Ventil ersetzen, es kann nicht nachgestellt werden.

● Thermoschalter und Thermometer in Kühlmittel-gefülltes Gefäss hängen. Darauf achten, dass Schalter Gefässwand nicht berührt. Durchgangsprüfer an Schalter anschliessen (Bild 103).

● Schalter muss von «Aus» auf «Ein» schalten bei 105°C, und von «Ein» auf «Aus» bei ca. 100°C.

● Thermosensor und Thermometer in Kühlmittel-gefülltes Gefäss hängen. Darauf achten, dass Geber Gefässwand nicht berührt. Durchgangsprüfer an Schalter anschliessen (Bild 103).

● Sensor muss von «Aus» auf «Ein» bei ca. 117°C schalten; bei ca. 110°C von «Ein» auf «Aus» schalten.

● Kurzprüfung des Lüftermotors: Stecker des Thermoschalters an Masse schliessen → Motor muss arbeiten.

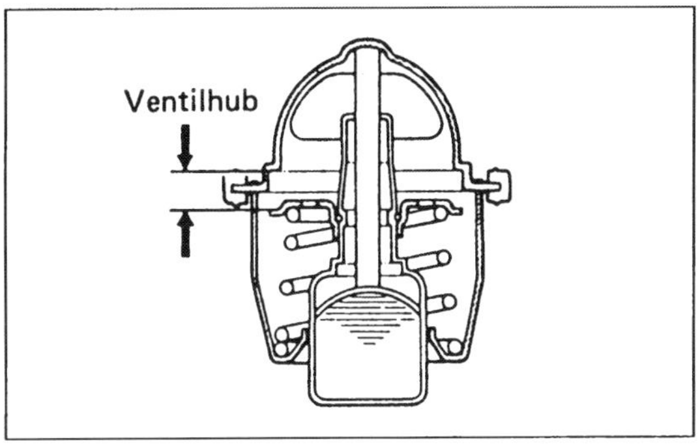

Bild 102
Thermostatventil

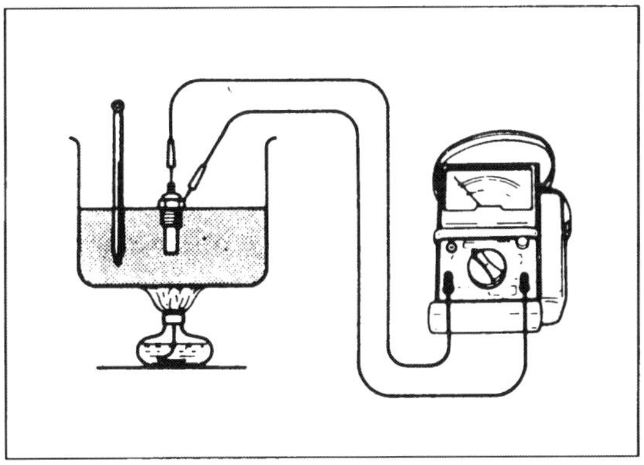

Bild 103
Thermosensor und -Schalter prüfen

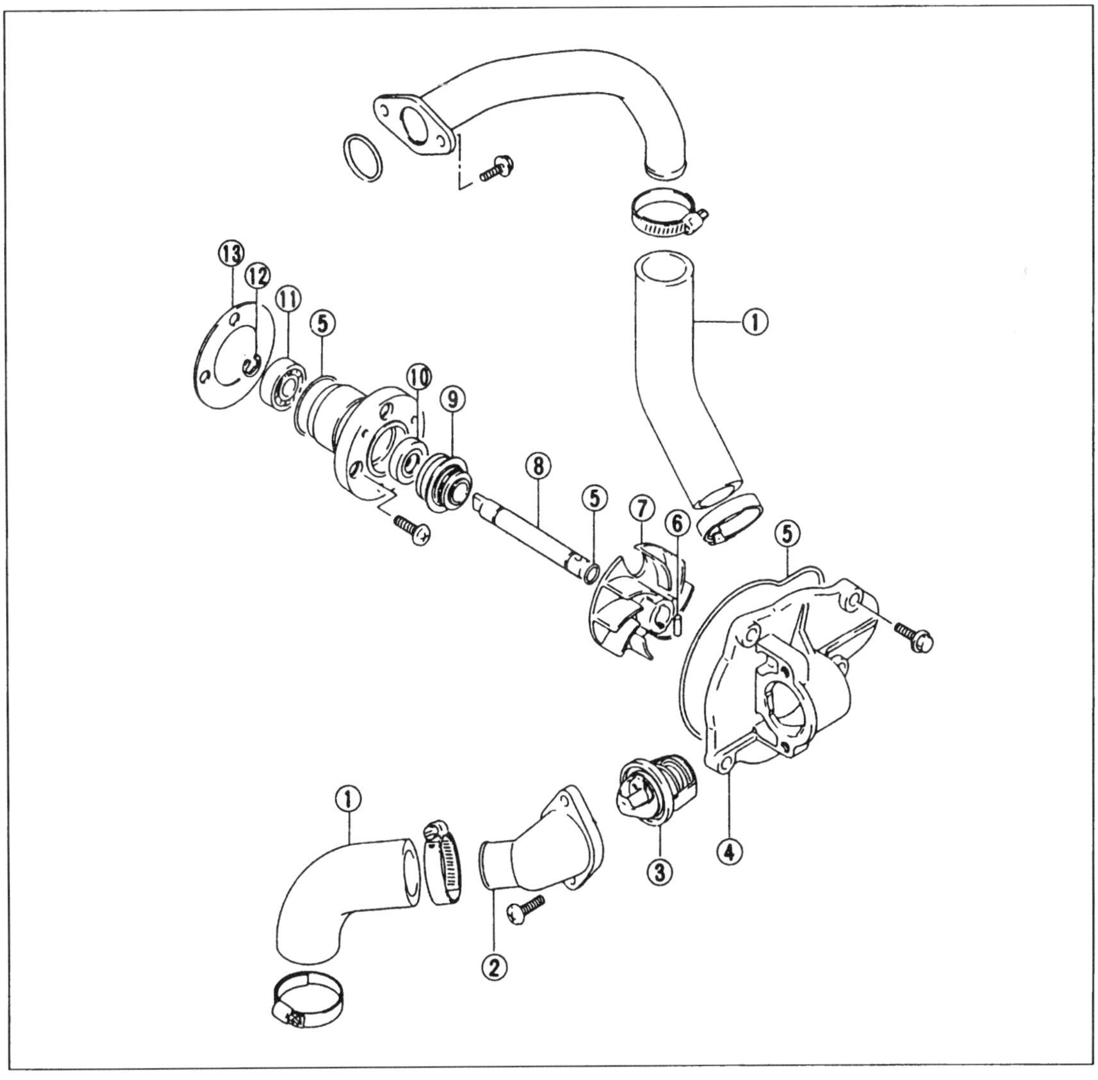

Bild 104
Kühlmittelpumpe
1 Schlauch
2 Stutzen
3 Thermostat
4 Gehäusedeckel
5 O-Ring
6 Stift
7 Flügelrad
8 Welle
9 Gleitringdichtung
10 Öldichtring
11 Lager
12 Sprengring (E-Form)
13 Dichtung

10.3 Montage

● Pumpen-Einheit (Teile 6 bis 13 Bild 104) in Motorgehäuse-Öffnung einführen (O-Ring geölt). Dabei darauf achten, dass Welle in Ölpumpen-Welle eingreift.

● O-Ring in Gehäusedeckel-Nut einsetzen und Deckel aufsetzen. Befestigungsschrauben eindrehen, Anzugsmoment 10 Nm.

● Thermostatventil einsetzen und mit Deckel befestigen.

●⚠ Thermoschalter und -Sensor-Kühler wird leicht beschädigt. Anzugsmoment Schalter 9 bis 14 Nm; Sensor 10 bis 15 Nm (Bild 105).

● Beim Eindrehen von Thermofühler und -schalter flüssige Dichtmasse auf Gewinde auftragen.

● Sämtliche Schläuche montieren und Kühlkreislauf befüllen und entlüften wie in Kapitel 3.10 ab Seite 16 beschrieben.

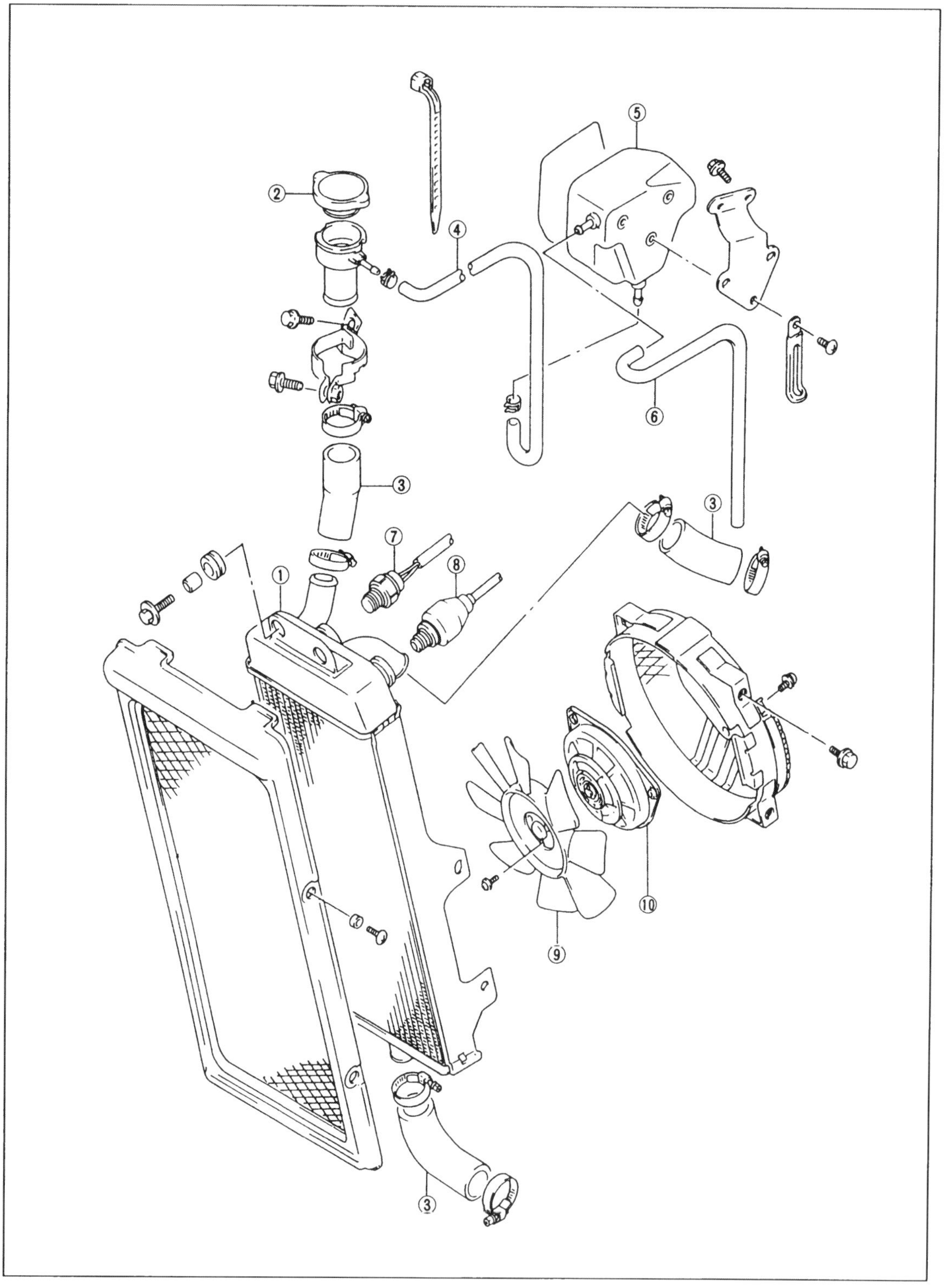

Bild 105
Kühlsystem
1 Kühler
2 Kühlerverschluss
3 Schlauch
4 Einlass-Schlauch
5 Ausgleichsbehälter
6 Überlaufschlauch
7 Thermoschalter
8 Thermosensor
9 Ventilator
10 Motor

11 Motor

11.1 Ausbau

Der Motor muss zum Ausbau folgender Baueinheiten aus dem Rahmen ausgebaut werden:

→ Zylinderköpfe
→ Kolben und Pleuel
→ Kurbelwelle und Getriebe

● Motorausbau setzt Öl- und Kühlmittelablassen (Kapitel 3 – Wartung) sowie Vergaserdemontage (samt Schläuchen und Seilzügen; Seite 15) voraus.
● Batterie ausbauen (Massekabel zuerst trennen).
● Entlüftungsschlauch vom hinteren Zylinderkopf trennen.
● Kühler abbauen (Kapitel 10).
● Auspuff-Anlage ausbauen.
● Linke Fahrerfussraste und Schalthebel abbauen.
● Steckkontakte von Leerlaufanzeige, Öldruckkontrolle, Kühlmittelanzeige, Kühlerventilator, Seitenständerschalter, Zündimpulsgeber- und Generatorspulen lösen.
Kabel freilegen.
● Motor-Massekabel und Starterkabel lösen.
● Deckel der Kühlmittelpumpe und Ausgleichsbehälter entfernen (Kapitel 10.1).
● Deckel des Motorwinkeltriebs (Bild 22) entfernen.
● Kupplungsausrücknocken-Einheit (Bild 106) entfernen.
● Schlauchschelle der Antriebswellenmanschette lockern.
● Bremspedal und Fusspumpe nach Ausdrehen der Befestigungsschrauben abnehmen.
● Hydraulischen Wagenheber oder andere einstellbare Stütze (mit Holzauflage!) am Motor anbringen, um Schraubverbindungen während des Entfernens zu entlasten.
● Rechten Rahmenunterzug und Schraubverbindungen Rahmen/Motor (Bild 107) lösen.
●⚠ Motorbefestigungsmuttern sind selbstsichernde Muttern zum einmaligen Gebrauch. Einmal entfernte Muttern wandern zum Schrott!
● Motor vorsichtig nach vorn ziehen und nach rechts aus Rahmen bugsieren.

Bild 106
Befestigungsschrauben der Kupplungsausrücknocken-Baugruppe

11.2 Einbau

Motoreinbau erfolgt in umgekehrter Reihenfolge des Ausbaus, siehe oben.
● Motor mit hydraulischer Stütze auf Aufhängungspunkte ausrichten und Distanzhülsen und Stangen einschieben (Bild 107).
●⚠ Motorbefestigungsmuttern sind selbstsichernde Muttern zum einmaligen Gebrauch – nur Neuteile verwenden! Mit vorgeschriebenem Anzugsmoment anziehen (Bild 107).
● Stecker wieder koppeln. Züge und Kabel wie in Kapitel 18 gezeigt verlegen.
● Auspuffanlage mit neuen Dichtungen montieren.
● Kühlmittel einfüllen, Seilzugeinstellung (Gas-, Choke- und Kupplung-), Leerlaufeinstellung, Vergaserabgleich und Einstellung der Brempedalhöhe gemäss Wartungskapitel vornehmen.

11.3 Inbetriebnahme des überholten Motors

● Motor mit Öl (3,3 Liter nach Motorüberholung) befüllen, alle nötigen Kontroll- und Einstellarbeiten an Vergaser, Kühlsystem (Befüllen/Entlüften), Kupplungs- und Gaszugbetätigung vor dem ersten Start durchführen.
● Es kann sein, dass Abgase des Motors in den ersten Minuten des Motorlaufs stark blaue Färbung haben, was auf Verbrennung desjenigen Motoröls zurückzuführen ist, das bei Montage des Motors aus Sicherheitsgründen in etwas

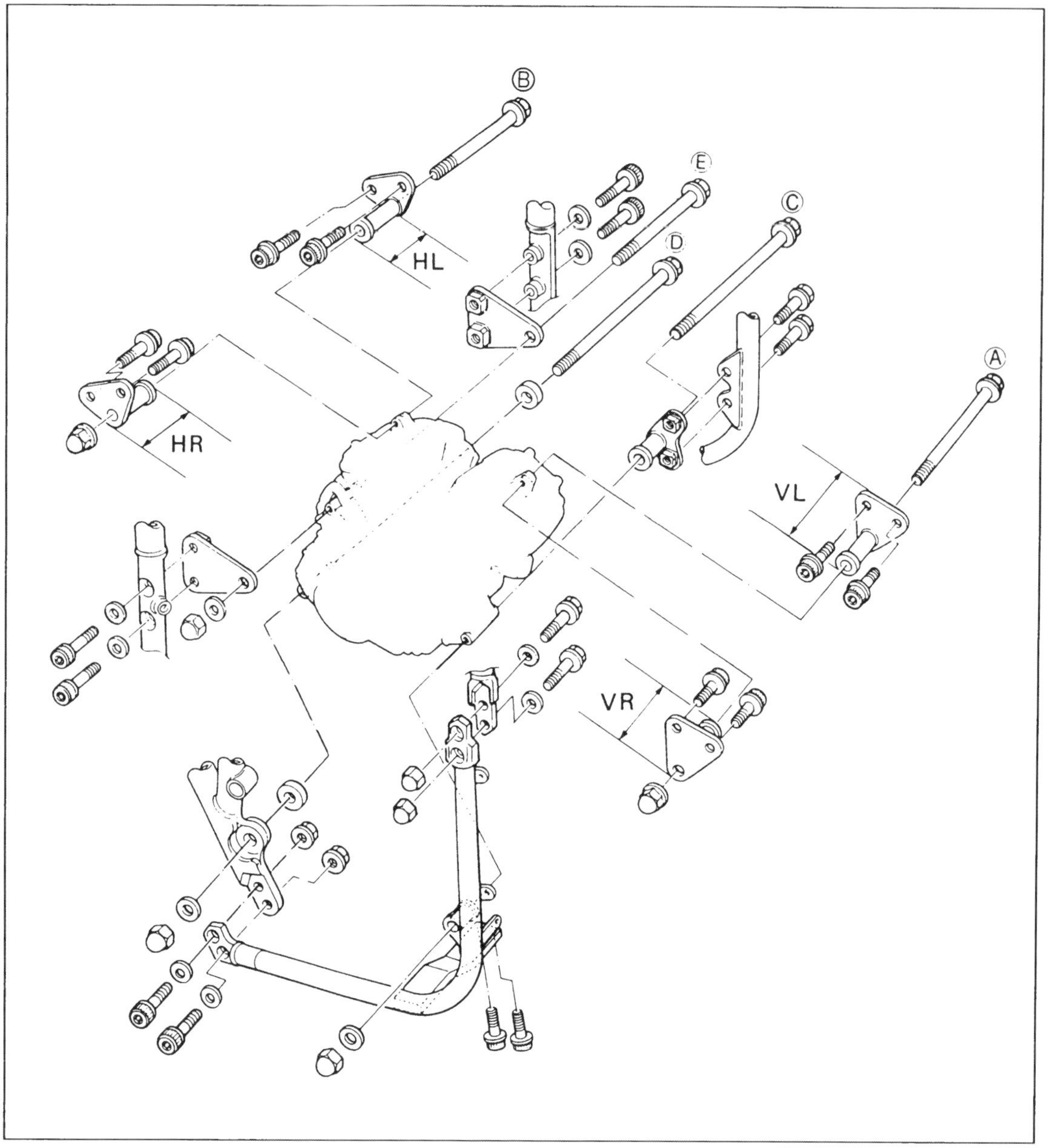

Bild 107
Motorbefestigung
Distanzhülsenlängen:
VR 50 mm
VL 58 mm
HR 51,5 mm
HL 43,5 mm
Schraubenlängen:
A 150 mm
B 135 mm
C 170 mm
D 170 mm
E 130 mm
Anzugsmomente:
A und B 37 – 45 Nm
C, D und E 70 – 88 Nm
Übrige 25 – 38 Nm

reichlichem Masse beigegeben wurde. Also nicht von der beschriebenen Erscheinung beunruhigen lassen.

● ⚠ Vor Teilnahme am öffentlichen Strassenverkehr Bremsen, Lichtanlage, Blinker, Kupplung und Gangschaltung auf Funktionstüchtigkeit prüfen.

● ⚠ Die bei der Überholung des Motors neu eingebauten Motorenteile benötigen eine gewisse Einlaufzeit. Deshalb während der ersten 1000 km Fahrstrecke den Motor nicht im oberen Drehzahlbereich «jubeln» lassen, ihn aber auch nicht untertourig Steigungen «hinaufquälen».

● Nach etwa 1000 km Ventilspiel kontrollieren. Zylinderkopfmuttern auf richtiges Anzugsmoment kontrollieren und im Rahmen eines Ölwechsels neues Ölfilter spendieren.

12 Zylinderkopf, Zylinder und Kolben

12.1 Ausbau

● Ventilkontrolldeckel abnehmen und Kolben des zu bearbeitenden Zylinders in Stellung oberer Totpunkt drehen (Bild 8).

● Sämtliche Zylinderkopfdeckel-Schrauben ausdrehen. Am vorderen Zylinder Nr. 2 16 Stück (Schraube an Rahmenhalterung nicht übersehen), am hinteren Zylinder Nr. 1 17 Stück.

● Sicherungsblechlaschen der Befestigungsschrauben der Nockenwellenkettenräder flach biegen und Schrauben ausdrehen. Nockenwellen und Kettenräder entnehmen. Steuerkette gegen Abtauchen sichern.

● Ansaugstutzen des vorderen Zylinderkopfs abnehmen (zwei Befestigungsschrauben).

● Kühlmittelschlauchverbindungen lösen und Schläuche/Flansche abnehmen (Bild 108).

● Jeweils vier Zylinderkopfschrauben schrittweise über Kreuz lösen. Muttern jeweils um halbe Umdrehung lockern, dann erst ganz ausdrehen.

● Zylinderkopf zusammen mit jeweiligem Zylinder abnehmen.

● ⚠ Darauf achten, dass beim Abziehen Kolben nicht gegen Motorgehäuse schlägt.

● Zylinderkopfmuttern und -Schrauben vorn und hinten «von unten» an Zylindern ausdrehen.

● Sperrklinke des Steuerkettenspanners ausklinken. Druckstange des Spanners eindrücken und mit Schraubendreher zwischen Sperrklinke und Kettenspanner blockieren.

● Zylinderkopf vom Zylinder trennen. Falls Zylinderkopf festgebacken, helfen leichte Gummihammerschläge in der Gegend von Ein- und Auslass, um den Kopf zu lockern. Auf Verbleib der zwei Passhülsen achten!

● Eventuell Ölkohle-Ablagerungen am oberen Rand der Zylinder mit Dreikantschaber vorsichtig entfernen.

● Ventilfedern mit Ventilfederspanner demontieren (Bild 109).

● TIP Alter Schraubertrick: Ventilfeder mit passender Nuss und kräftigen Hammerschlägen auf Federteller soweit zusammendrücken, dass Ventilkeile herausspringen (mit Tuch umlegen, um Keile aufzufangen). Bei Montage kann sich mit Ständerbohrmaschine und passendem Mundstück beholfen werden.

● ⚠ Federn nicht weiter zusammendrücken, als zum Entfernen der Keile nötig ist, da sonst Federn frühzeitig erlahmen.

● Mit Pinzette oder Magnetheber Keile entfernen.

● ⚠ Ventile, Keile, Federn und Federteller so aufbewahren, dass sie wieder an ihrer angestammten Führung zum Einsatz kommen.

● Vor Entnahme der Ventile, Ventilkeilnuten auf Aufwerfungen oder Grate untersuchen. Gegebenenfalls mit feinem Ölstein Grate entfernen, da sonst Ventilführungen beim Herausnehmen der Ventile zerschrammt werden können.

Bild 108
Freien Ringspalt messen

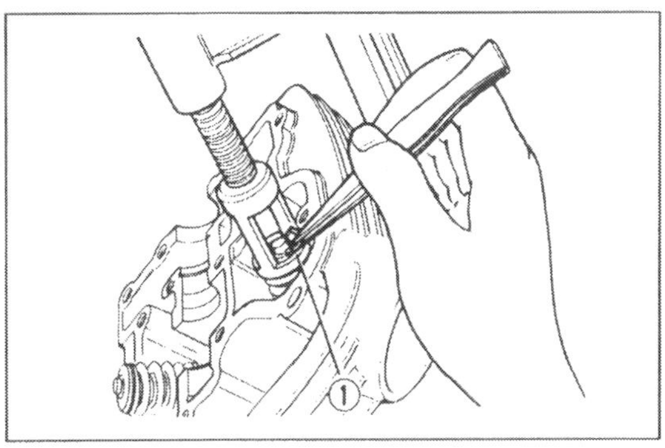

Bild 109
Federn so wenig wie möglich zusammendrücken
1 Ventilkeil

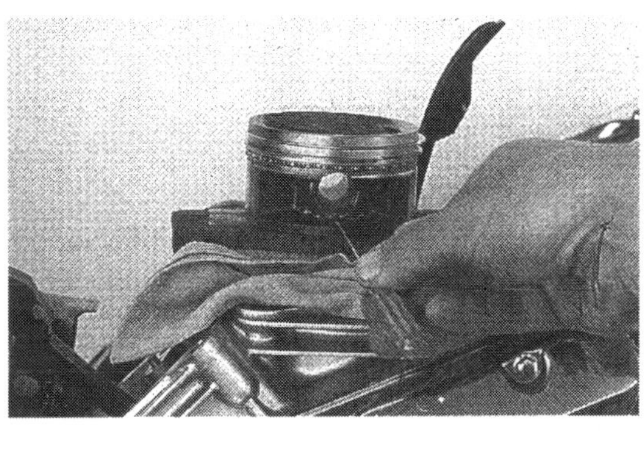

Bild 110
Sicherungsring aushebeln

● Ventilschaftdichtungen mit Spitzzange abziehen.
● Brennräume und Ventile mit Schaber entkohlen bzw. im Fachbetrieb mit Sandstrahl reinigen lassen (Dichtflächen abkleben).
● Kurbelgehäuse mit sauberem Putzlappen abdichten. Kolbenbolzen-Sicherungsring mit kleinem Schraubendreher aushebeln (Bild 110).
● Kolbenbolzen seitlich herausdrücken. Falls schwergängig, handelsüblichen Bolzenausdrükker verwenden.
● ⚠ Kolbenbolzen keinesfalls mit Durchschlag austreiben, die Pleuel sind schnell krummgeschlagen!
● Kolben für den späteren Einbau mit «rechts» und «links» sowie die Einbaurichtung markieren.
● Kolbenringe mit beiden Daumen etwas aufweiten und über den Kolben schieben. Ringe nicht zu weit aufbiegen, damit sie nicht deformiert werden oder brechen.

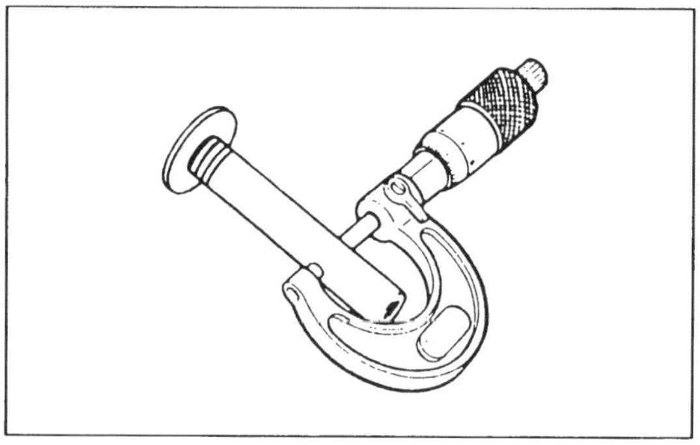

Bild 111
Durchmesser der Kipphebelwelle messen

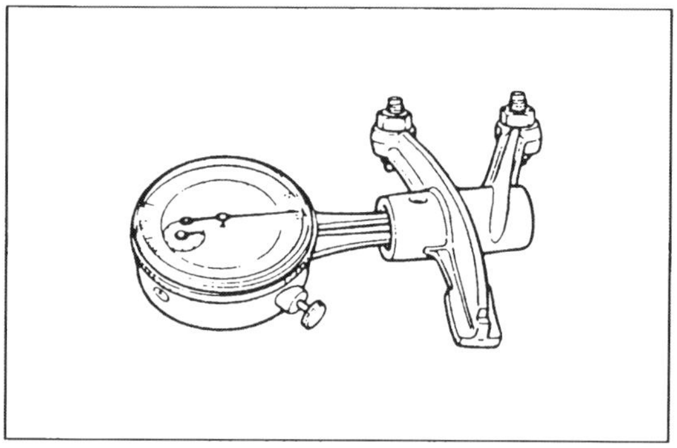

Bild 112
Innendurchmesser der Kipphebel messen

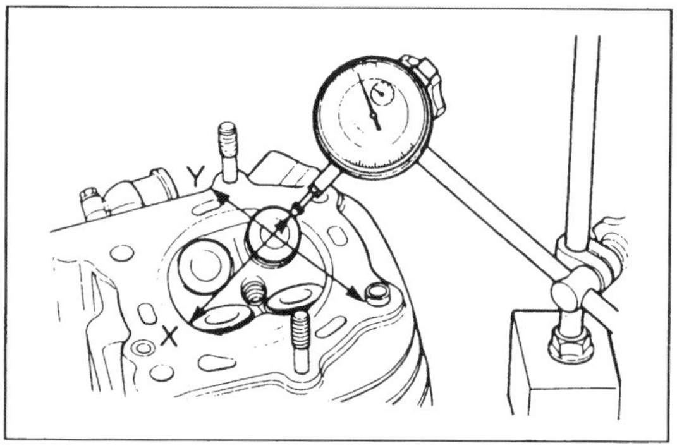

Bild 113
Ventilhub etwa 15 mm

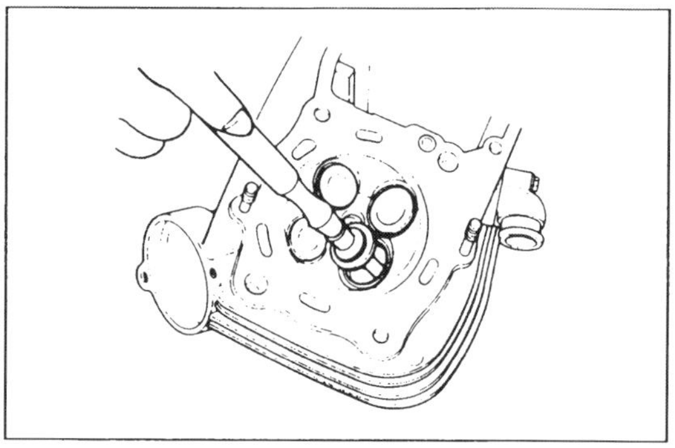

Bild 114
Nur rauhe Oberfläche anläppen

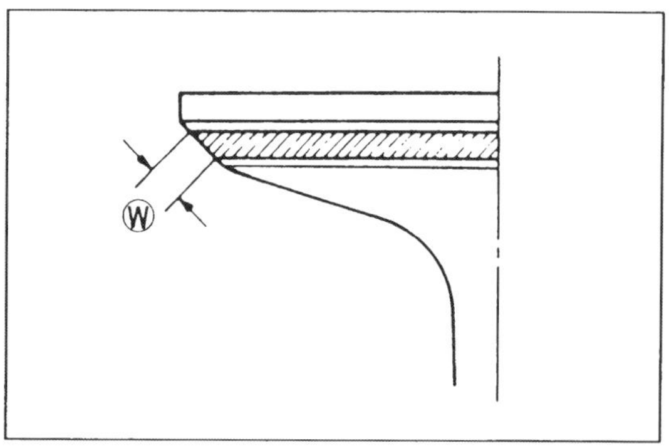

Bild 115
Ventilsitzbreite W

12.2 Prüfen und Vermessen

● Ölkohleablagerungen aus den Brennräumen entfernen. Bereich der Zündkerzenlöcher und Ventilsitze auf Risse kontrollieren.
● Mit Haarlineal und Fühlerlehre Zylinderkopf und Zylinderdichtfläche in mehreren Richtungen auf Verzug prüfen; Verschleissgrenze 0,05 mm. Gegebenenfalls in Fachbetrieb planen lassen. Genauso Zylinderkopfdeckel auf Richtplatte mit Fühlerlehre auf Verzug prüfen, Verschleissgrenze 0,05 mm.
● Kipphebelwellen lösen und herausziehen.
● Mit Bügelmess-Schraube Durchmesser der Kipphebelwellen messen (Bild 111), Sollwert 11,966 bis 11,984 mm.
● Kipphebel-Innendurchmesser mit Innentaster messen (Bild 112). Sollwert 12,000 bis 12,018 mm.
● Ventilschaftende auf übermässigen Verschleiss untersuchen.
● Jedes Ventil auf anomal abgenutzte Sitzfläche untersuchen.
● Jedes Ventil auf Verbiegung, Kratzer und anomalen Verschleiss am Schaft untersuchen. Ventilsitz muss glattes und riefenfreies Tragbild zeigen.
Falls die Sitzfläche am Ventilteller verbrannt oder ungleichmässigen Kontakt mit dem Ventilsitz hat, Ventil erneuern.
● Jedes Ventil muss sauber in seiner Führung gleiten.
● Einbauspiel der Ventilschäfte und Ventilführungen wie in Bild 113 gezeigt in X- und Y-Richtung messen. Verschleissgrenze Ein- und

Auslass: 0,35 mm.
Falls grösser, prüfen, ob Einbau eines neuen Ventils Spiel wieder in Toleranz bringt. Wechsel der Ventilführung oder des Ventils einer dafür ausgerüsteten Fachwerkstatt überlassen, da gleichzeitig Ventilsitz nachgeschliffen werden muss.

● Mit Bügelmess-Schraube Ventilschaft-Durchmesser messen, Sollwert Einlassventil: 5,465 bis 5,480 mm; Auslassventil: 5,450 bis 5,465 mm.

Grobe Werkstattprüfmethode der Ventilsitz-Dichtheit:

● Steht ein Ventil im Verdacht, nicht einwandfrei abzudichten, bei eingebautem Ventil in den Ansaug- oder Auslasskanal Benzin giessen → am Ventil darf nichts auslaufen.

● TIP Mit etwas Glück reicht es, Ventil neu einzuläppen.

● Läppmittel auf Ventilsitz auftragen, Ventil von innen mit speziellem Gummisauger unter leichtem Druck (2–3 kg) quirlen (Bild 114). Läppmittel darf nicht zwischen Ventilschaft und Führung geraten! Genügt Nachläppen nicht zum Abdichten, Ventil erneuern oder Dichtfläche in Fachbetrieb überschleifen lassen.

● Ventilsitzbreite messen (Bild 115):

● Ventil kurz mit feiner Läpp-Paste anschleifen und Sitzbreite messen. Sollbreite W: 0,9 bis 1,1 mm.

● ⚠ Falls Ventilsitz im Zylinderkopf zu breit oder zu schmal, Sitz in Fachwerkstatt neu fräsen lassen.

Fräswinkel werden von SUZUKI für Aus- und Einlass mit 45° und 15° angegeben (Bild 116).

● Ungespannte Länge der Ventilfedern messen. Verschleissgrenze Innenfeder: 38,3 mm; Aussenfeder: 40,1 mm.

● Tassenstössel und Stösselführungen auf Beschädigung und Kratzer untersuchen.

● Spiel der Nockenwellenlager mit Kunststoff-(Plastigage)-Streifen messen. (Sollwert: 0,032 bis 0,066 mm; Verschleissgrenze: 0,150 mm). Dazu Mess-Streifen auf Nockenwelle ins ölfreie geöffnete Lager legen, Zylinderkopfdeckel (ohne Dichtmassereste) montieren (siehe Kapitel 12.3). **Welle nicht drehen!** Nach Wiederöffnen Lagerspiel an Quetschbreite des Streifens ablesen (je breiter der Streifen, desto geringer das Spiel, Bild 117). Bei Überschreiten der Verschleissgrenze Innendurchmesser des Nockenwellenlagers und Lagerzapfen der Nockenwelle messen.

→ Entweder Nockenwelle oder Zylinderkopf austauschen, je nach dem, welches Bauteil vom Sollwert (Technische Daten, Seite 89) abweicht.

● Lagerlaufflächen und Nocken auf Riefen, Beschädigungen oder Anzeichen unzureichender Schmierung untersuchen. Ölbohrungen dür-

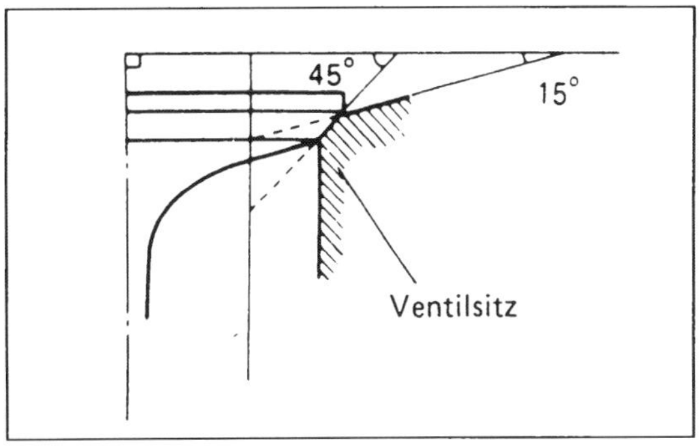

Bild 116
Fräswinkel

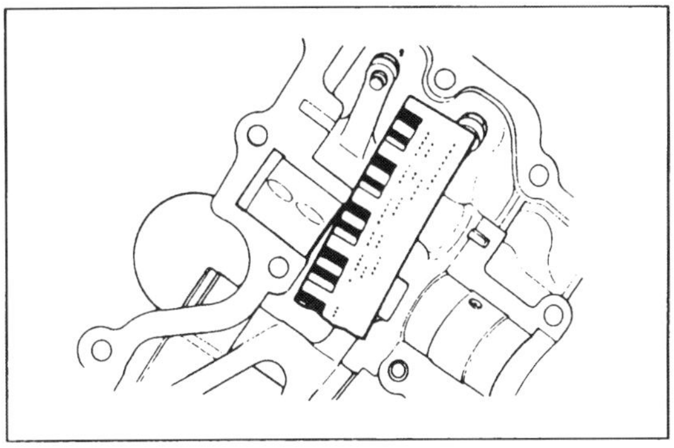

Bild 117
Quetschbreite vergleichen

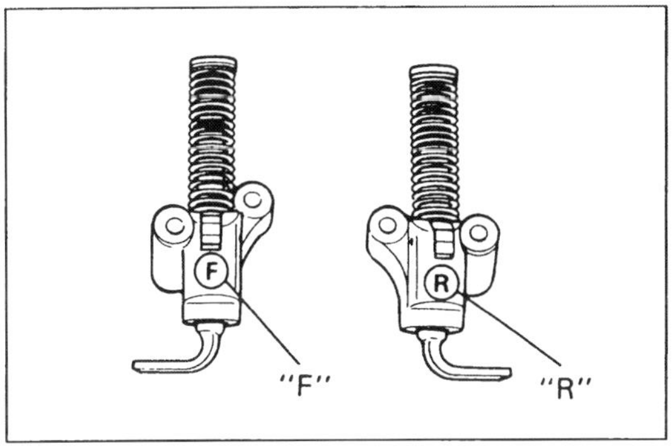

Bild 118
Steuerkettenspanner
F Vorderer Zylinder 2
R Hinterer Zylinder 1

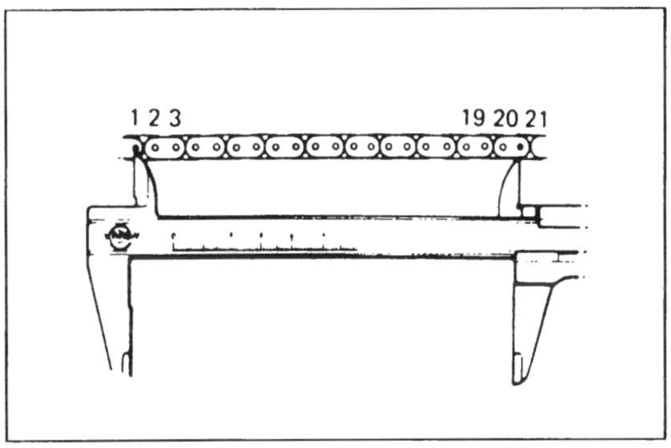

Bild 119
Steuerkettenverschleiss messen

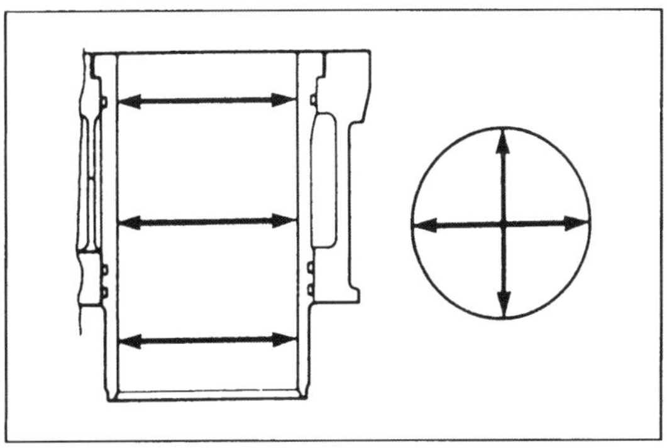

Bild 120
Messebenen längs und quer zur Fahrtrichtung

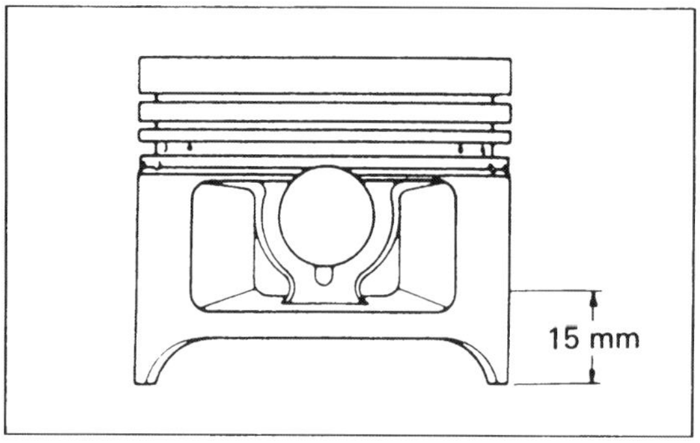

Bild 121
Messebene/Kolben
(längs zur Fahrtrichtung)

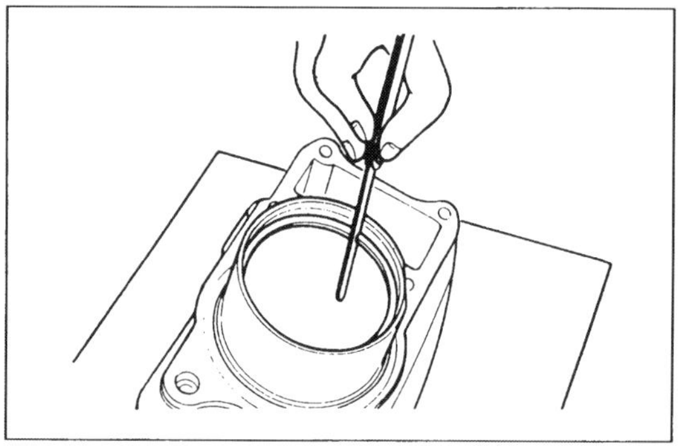

Bild 122
Ringspalt messen

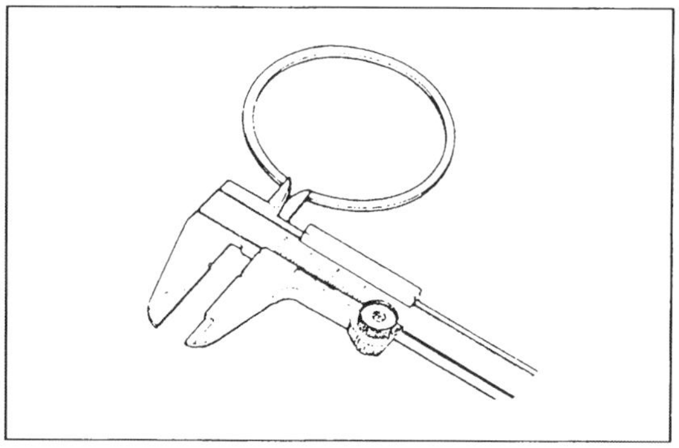

Bild 123
Freien Ringspalt messen

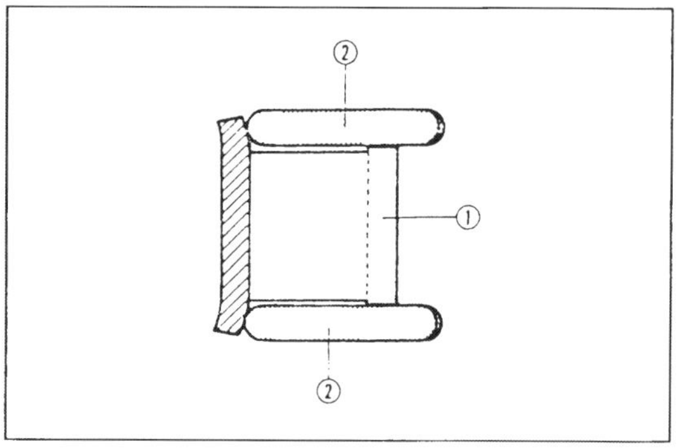

Bild 124
Ölabstreifring
1 Abstandhalter
2 Seitenschiene

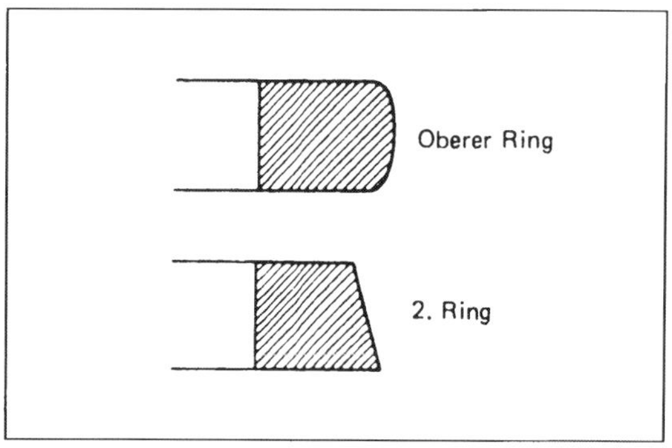

Bild 125
Kolbenringprofile

fen nicht verstopft sein.

● Mit Mikrometer Nockenhöhe messen. Verschleissgrenze Einlass: 35,660 mm; Auslass: 36,620 mm.

● Schlag der Nockenwelle prüfen, siehe Technische Daten. Schlaggrenze: 0,10 mm.

● Sperrklinke der Steuerkettenspanner (Bild 118) entriegeln und Druckstange eindrücken, um ruckfreie Bewegung zu kontrollieren.

● Länge der gespannten Steuerkette über 20 Glieder messen (Bild 119). Verschleissgrenze 128,9 mm.

● Kolbenlauffläche darf keine Fress-Spuren oder Ausbrüche aufweisen.

● Zylinderdurchmesser an den in Bild 120 angegebenen Ebenen messen. Verschleissgrenze 83,085 mm.

● Falls nur ein Zylinder über Verschleissmass, auch anderen Zylinder aufbohren und honen lassen, da sonst übermässige Vibrationen auftreten.

● Am Kolbenhemd 15 mm über Unterkante, im rechten Winkel zur Bolzenbohrung (Bild 121), Aussendurchmesser des Kolbens messen (Verschleissgrenze siehe Technische Daten). Errechnetes Spiel des Kolbens im Zylinder darf maximal 0,11 mm betragen.

● Spiel zwischen Kolbenbolzenbohrung und Bolzen ermitteln (Bohrungsdurchmesser abzüglich Bolzendurchmesser). Sollwerte siehe Technische Daten. Maximal zulässiges Spiel zwischen oberer Pleuelbohrung und Kolbenbolzen beträgt 0,05 mm.

● Kolbenringe einzeln in Zylinder schieben und mit Kolben ausrichten. Mit Fühlerlehre Stoss-Spiel ausfühlen (Bild 122). Verschleissgrenze erster und zweiter Kolbenring 0,70 mm.

● Freie Kolbenringstossfuge messen (Bild 123). Verschleissgrenze erster Ring: 8,4 mm; zweiter Ring: 9,4 mm. Falls Mass unterschritten, Kolbenringe ersetzen.

● Mit Fühlerlehre Spiel zwischen Kolbenring und Ringnut ertasten, siehe Bild 124. Verschleissgrenze erster Kolbenring 0,18 mm; zweiter Kolbenring 0,15. Kolbenring muss frei, ohne zu klemmen, durchrollen.

● Für den Fall einer Reparatur werden von SUZUKI 0,5 mm- und 1,0 mm-Übermasskolben angeboten. Ölabstreifringe haben im ersten Übermass rote Farbmarkierung, im zweiten gelbe Farbmarkierung. Einbauspiel neuer Kolben beträgt 0,045 bis 0,055 mm. Zylinder in SUZUKI- oder Fachwerkstatt entsprechend aufbohren und honen lassen.

12.3 Montage

● Neue Ventilschaftdichtungen geölt montieren (von Hand aufdrücken).

● Ventil in geölte Führung einschieben.
● Ventilfedersitze auflegen und Ventilfedern mit engen Windungen nach unten weisend (zum Zylinderkopf hin) einsetzen.
● Federteller aufsetzen und mit Ventilfederspanner Federn zusammendrücken. Ventilkeile einsetzen.
● ⚠ Ventilfedern nicht mehr als unbedingt nötig zusammendrücken.
● Mit Gummihammer leicht auf Ventilschäfte klopfen, damit sich Ventilkeile setzen.

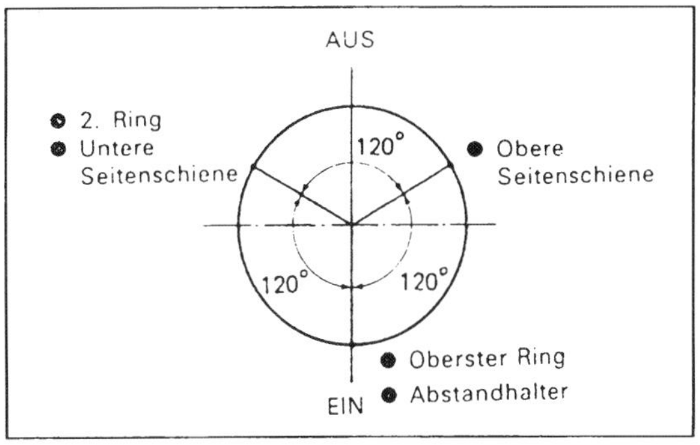

Bild 126
Ringspaltverteilung am Kolben

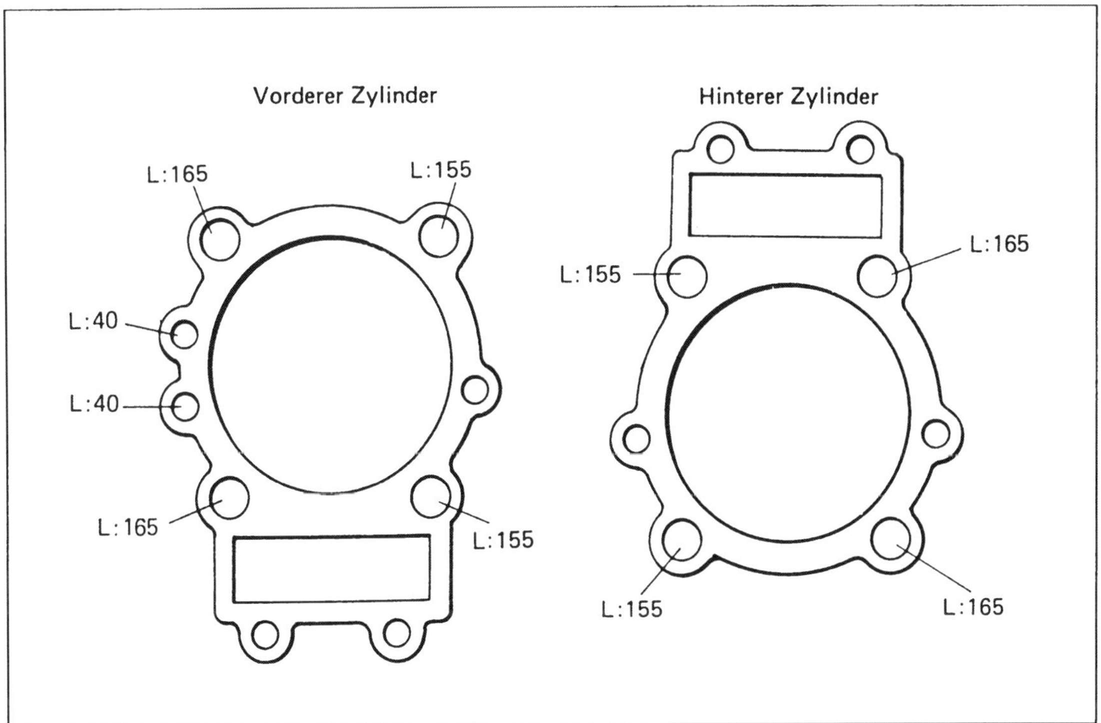

Bild 127
Einbaulage der Zylinderkopfschrauben
L Länge Einheit mm

● Vorderen (mit F-Markierung) und hinteren Steuerkettenspanner (mit R-Markierung, Bild 118) und Kettenführung im Zylinder anbringen. Anzugsmoment/Kettenspanner-Befestigungsschraube 8 bis 12 Nm.
● Druckstange des Spanners nach Lösen der Sperrklinke eindrücken und Stange mit Draht o. ä. blockieren.
● Dichtflächen von Kopf und Zylinder säubern (öl- und fettfrei).
● Passhülsen anbringen und neue Kopfdichtung auflegen.
● Zylinderkopf aufsetzen.
● Zylinderkopfmuttern und -Schrauben «von unten» vorn und hinten anbringen. Anzugsmoment Schrauben: 9 bis 11 Nm; Muttern: 8 bis 12 Nm.
● Ölabstreifring wie in Bild 124 gezeigt an Kolben anbringen.
● Kolbenringe (Bild 125) mit R-Markierungen nach oben weisend am Kolben montieren, dabei Ringe nicht weiter als unbedingt nötig aufweiten, da sie leicht brechen. Kolbenringstösse um 120°

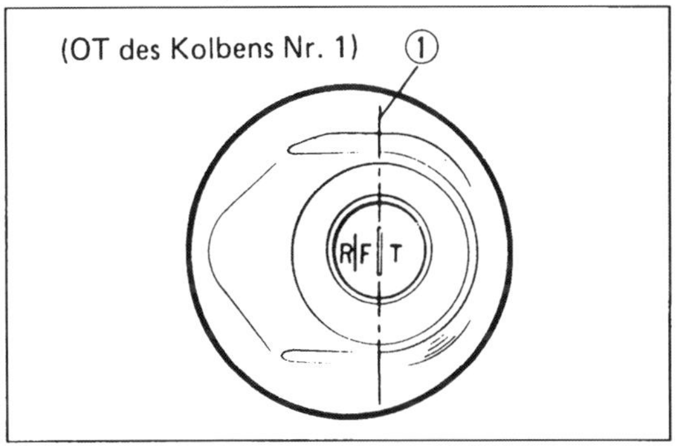

Bild 128
Totpunktmarkierung des hinteren Zylinders
1 Schaulochmitte

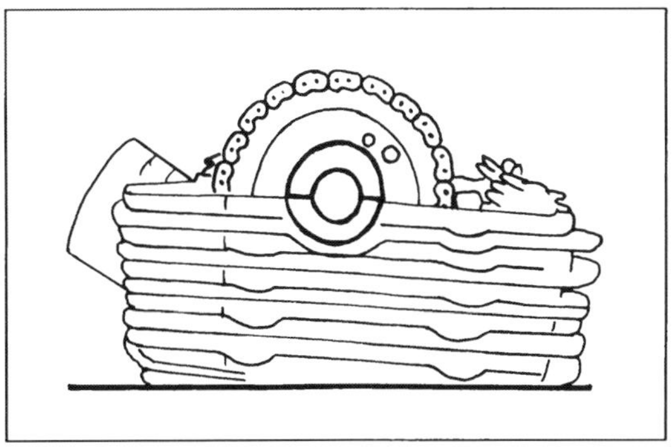

Bild 129
Kettenrad-Stellung 1 Uhr der Pass-Stift-Bohrung

versetzt anordnen (Bild 126).

- ⚠ Kolben mit Pfeil-Markierung zur Auslass-Seite (in Fahrtrichtung) weisend montieren.
- Kolben auf Pleuel aufsetzen und Kolbenbolzen geölt einführen.
- Sicherungsringe (Neuteile!) in Nut einfedern.
- ⚠ Dichtflächen an Zylinderfuss und Motorgehäuse müssen öl- und fettfrei sein.
- Neue Fussdichtung auflegen und zwei Passhülsen einsetzen.
- Kolben mit passenden Holzleisten «untermauern» und Zylinder gut geölt aufschieben, wobei Kolbenringe mit Kolbenringspannern oder Fingern zusammengedrückt werden.
- Dabei darauf achten, dass Steuerkettenführungsschiene in Aufnahme im Kurbelgehäuse einspuren und Steuerkette durch Schacht hochziehen.
- ⚠ Kurbelwelle nicht drehen und Steuerkette straff halten, damit sie sich nicht im Kurbelgehäuse verklemmt.
- Zylinderkopfschrauben (Bild 127) über Kreuz anziehen (35–40 Nm).

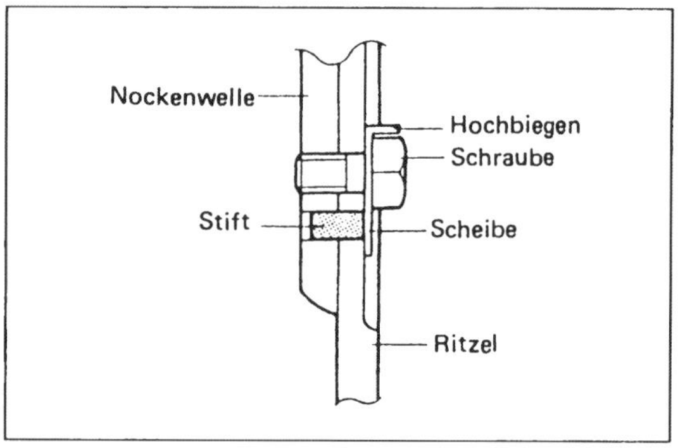

Bild 130
Kettenrad-Verschraubung

- Kühlschlauchschellen zwischen Zylindern anziehen.
- Steuerkette straff halten und Kurbelwelle am Generatorrotor gegen Uhrzeigersinn drehen, bis T-Markierung ① Bild 128 auf Schaulochmitte ausgerichtet ist. Kurbelwelle ab jetzt nicht mehr drehen!
- Nockenwelle gefettet in Zylinderkopf einlegen (beide Nocken weisen nach unten).
- Mitnehmerstifte der Steuerkettenräder mit Fett im Stiftloch der Nockenwelle befestigen.

Zylinder Nr. 1 (hinten):

Steuerkette auf Kettenrad so aufsetzen, dass Stiftloch in 1-Uhr-Stellung steht (Bild 129).

- Nockenwelle so ausrichten, dass Strichmarkierung bündig mit Dichtfläche fluchtet und Pfeil nach vorn (in Fahrtrichtung) weist.
- ⚠ Beim Aufsetzen des Kettenrads auf Nockenwelle darauf achten, dass Fixierstift nicht in Kurbelgehäuse fällt.
- Sicherungsbleche so auflegen, dass Stiftlöcher bedeckt sind und Schrauben mit flüssiger Schraubensicherung eindrehen (14–16 Nm). Sicherungsblechlaschen hochbiegen, dass sie an Schrauben anliegen (Bild 130).
- Blockierung des Steuerkettenspanners aufheben. Klicken (Ausrückgeräusch) muss deutlich hörbar sein.

Zylinder Nr. 2 (vorn):

- Montage erfolgt wie am hinteren Zylinder, allerdings muss sich Stiftloch des Kettenrads in 9.30-Uhr-Stellung befinden.
- Kipphebel mit Federscheibe in Zylinderkopfdeckel einsetzen, Wellen mit neuer Dichtung einschieben und anziehen (25–30 Nm).

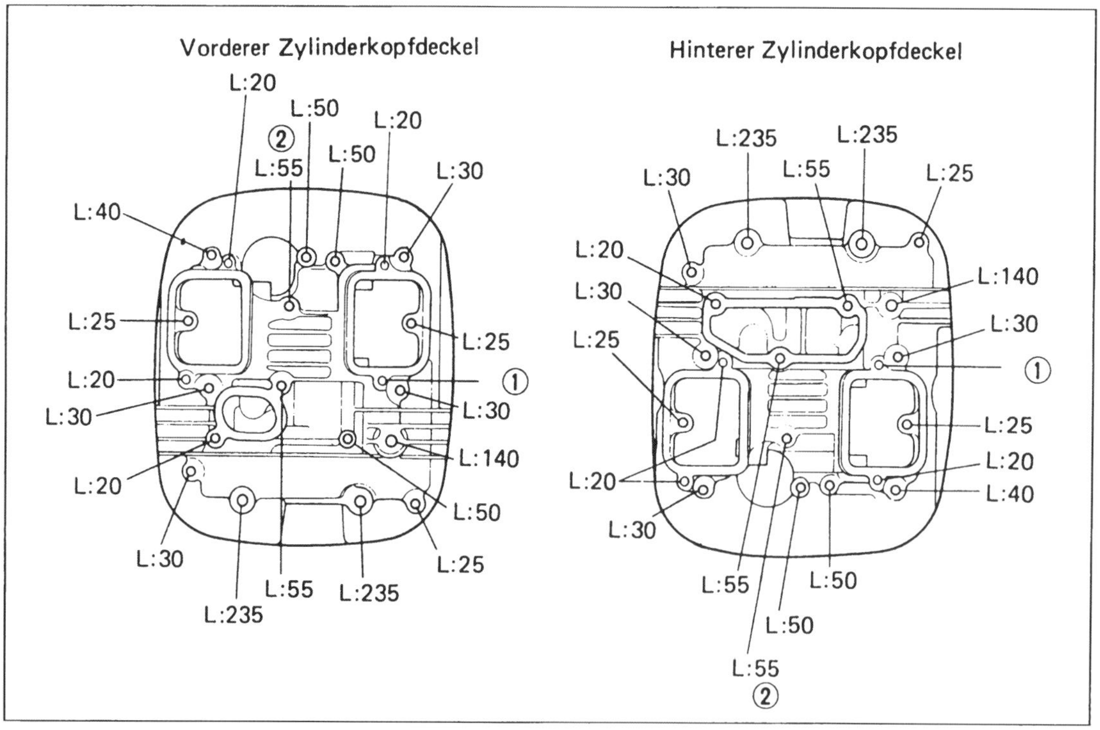

Bild 131
Einbaulage der Zylinderkopfdeckel-Schrauben
1 Flüssige Dichtmasse auf Gewinde im Zylinderkopf auftragen
2 Flüssige Dichtmasse auf Schraubengewinde auftragen
L Länge Einheit mm

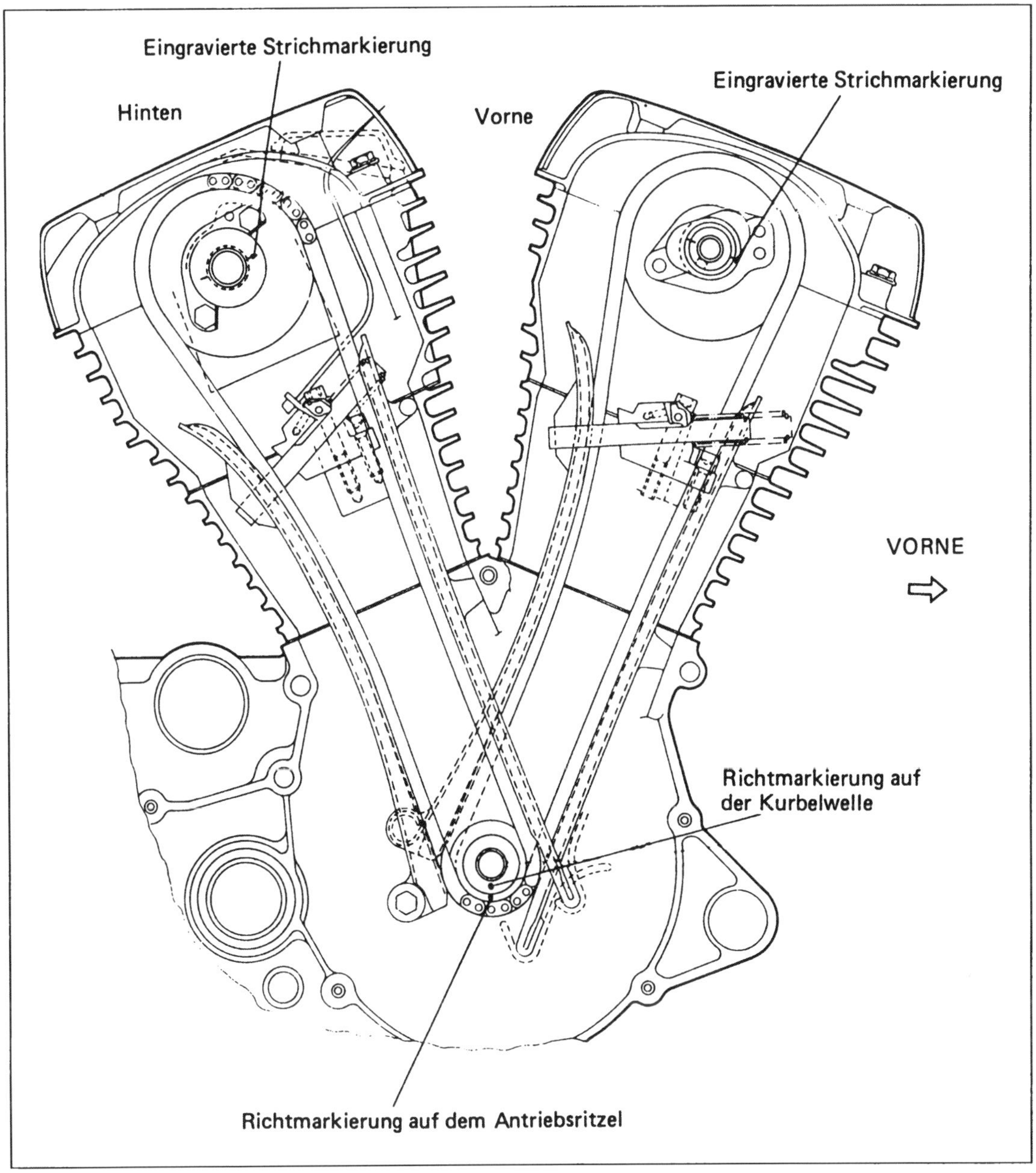

Bild 132
Steuerzeitenkontrolle

- Dichtflächen von Kopf und Deckel reinigen (öl- und fettfrei) und zwei Passhülsen in Kopf einsetzen.
- Flüssige Dichtmasse (Hylomar o. ä.) gleichmässig und dünn auf Dichtflächen auftragen und Lösungsmittel ablüften lassen.
- ⚠ Dichtmasse nicht auf Nockenwellenendkappen auftragen.
- Scheibe (oder Steg) am hinteren Zylinderkopfdeckel Nr. 1 einsetzen.
- ⚠ Sichergehen, dass Kolben des zu bearbeitenden Zylinders im oberen Totpunkt des Verdichtungtakts steht (beide Nocken weisen nach unten).
- Zylinderkopfdeckelschrauben (Bild 131) locker eindrehen.

Falls sich kein Widerstand zeigt, Schrauben richtig anziehen (6-mm-Schrauben: 9 bis 11 Nm, 8-mm-Schrauben: 21 bis 25 Nm).

- Kurbelwelle so drehen, dass Kolben des hinteren Zylinders Nr. 1 im oberen Totpunkt des Verdichtungstakts steht und Steuerzeiten gemäss Bild 132 kontrollieren.
- Ansaugstutzen mit neuen O-Ringen (gefettet) anbringen.
- Ventilspiel-Einstellung siehe Kapitel 3.5.

13 Kurbelgehäuse

13.1 Ausbau

Das Kurbelgehäuse muss zum Ausbau folgender Baueinheiten geöffnet werden:

→ Schaltwalze und -Gabeln

→ Getriebe

→ Pleuel und Kurbelwelle

Folgende Baugruppen müssen ausgebaut sein:

→ Generator-Gehäusedeckel (Kapitel 6; zum Ausbau der Kurbelwelle auch Generatorrotor).

→ Kupplung und Primärtrieb (Kapitel 7).

→ Schaltmechanismus (Kapitel 9).

- Kardangelenk in Motorwinkeltrieb einsetzen.
- Kardangelenk festhalten (Schraubstock o. ä.) und Nebenwellenschraube (Linksgewinde!) und Abtriebswellenmutter ausdrehen (Bild 133).
- Motorwinkeltrieb ausbauen (kein Muss zum Trennen der Gehäusehälften):
- Flanschschrauben Bild 134 und Bild 135 ausdrehen und Winkeltrieb abnehmen.
- Motorgehäuse auf weiche Holzunterlage legen. Schrauben (Bilder 136 und 137) ausdrehen.
- Rechte Gehäusehälfte von linker abnehmen. Wellen bleiben in linker Gehäusehälfte.
- ⚠ Nichts zwischen die Gehäusehälften stemmen. Leichte Gummihammerschläge helfen beim Trennen der Gehäusehälften.
- Auf Verbleib der zwei Passhülsen und des O-Rings achten (Bild 138).
- Gegebenenfalls Motorkegelrad nach Ausdrehen der drei Befestigungsschrauben abnehmen (Bild 139). Zerlegen des Winkeltriebs (Bild 140) erfordert Spezialwerkzeug, über das selbst die SUZUKI-Werkstatt kaum verfügt, da wegen der geringen Reparaturanfälligkeit die Anschaffung

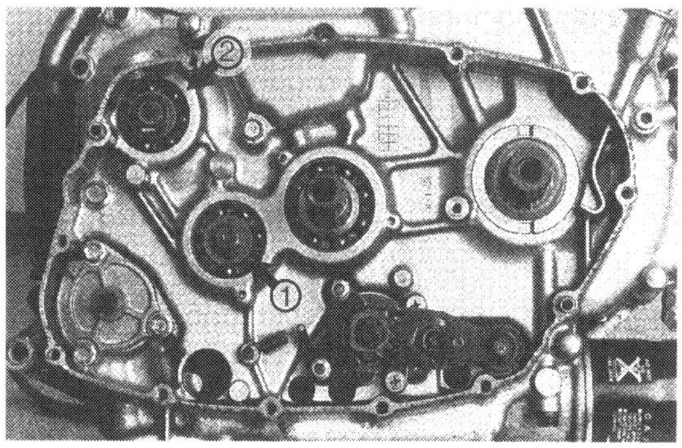

Bild 133
Nebenwellenschraube ① (Linksgewinde) und Abtriebswellenmutter ②

Bild 134
Vier Flanschschrauben Innensechskant SW 6

Bild 135
Winkeltriebgehäuse-Schrauben

Bild 136
Zehn Gehäuseschrauben rechts

Bild 137 ▶
Neun Gehäuseschrauben links

◄ **Bild 138**
Linke Gehäusehälfte mit zwei Passhülsen und O-Ring

Bild 139
Motorkegelrad-Befestigung

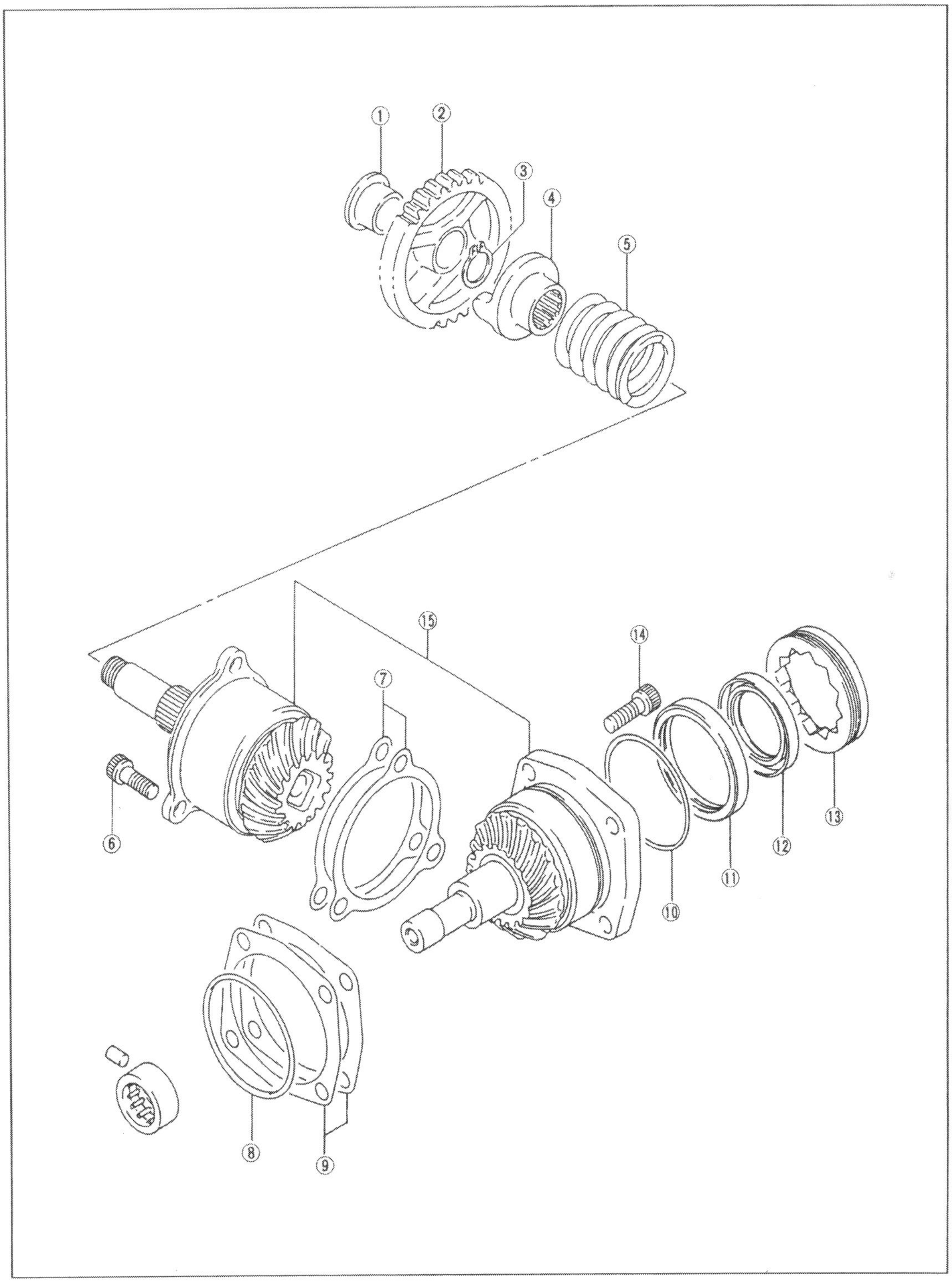

Bild 140
Motorwinkeltrieb
1 Buchse
2 Sekundäruntersetzungsrad
3 Seegerring
4 Dämpfernocken
5 Feder
6 Schrauben (18 – 28 Nm)
7 Beilagscheiben (fünf verschiedene Dicken)
8 O-Ring
9 Beilagscheiben (fünf verschiedene Dicken)
10 O-Ring
11 Dichtringgehäuse
12 Dichtring
13 Lagerhalter (90 – 120 Nm)
14 Schrauben (18 – 28 Nm)
15 Sekundärkegelradsatz

dieser Werkzeuge nicht lohnt und deshalb Reparaturen beim SUZUKI-Importeur vorgenommen werden.

13.2 Montage

Bevor das Kurbelgehäuse geschlossen wird, Getriebe, Schaltmechanismus, Kurbelwelle und Pleuel montieren. Siehe folgende Kapitel.

● Öldüsen und -Kanäle vor Montage auf freien Durchgang prüfen.

● Zwei Passhülsen und neuen O-Ring (geölt, Bild 138) einsetzen.

● Auf peinlich sauber entfetteten Dichtflächen beidseitig möglichst dünnen Dichtmassefilm (Hylomar o. ä.) auftragen. Darauf achten, dass Dichtmasse nicht in Ölbohrung, -Rille oder Lager gelangt.

● Rechte Gehäusehälften auf linke aufsetzen. Darauf achten, dass Schaltgabel-, Getriebewellen, Schaltwalze und Kurbelwelle in entsprechende Lager einspuren.

●⚠ Falls sich Montage als schwierig erweist, Zusammenbau des Getriebes nochmal kontrollieren.

● Einbaulage der Schrauben siehe Bilder 136 und 137. Zuerst 8-mm-Schrauben anziehen (12 bis 18 Nm), dann übrige. Anzugsmoment 6-mm-Schrauben: 9 bis 13 Nm; 8-mm-Schrauben: 20 bis 24 Nm.

14 Kurbelwelle und Pleuel

14.1 Ausbau

Kurbelwelle klar bei geöffneten Motorgehäuse-Hälften entnehmen.

● Pleuelmuttern abwechselnd schrittweise lösen und Lagerdeckel abnehmen. Pleuel mit leichten Gummihammerschlägen auf Gewindebolzen der Pleuelstangen von Lagerdeckeln lösen. Auf eventuell herabfallende Lagerschalen achten.

● ⚠ Nicht versuchen, Gewindebolzen aus Pleuelstangen zu lösen!

● Falls sie nicht schon selbst herausgefallen sind, Lagerschalen mit kleinem Schraubendreher aushebeln.

14.2 Prüfen und Vermessen

● Kurbelwelle in Prismenblöcken auf äusseren Lagerzapfen auflegen und mit Messuhr an Hauptlagerzapfen Schlag messen. Dabei beachten, dass tatsächlicher Schlag nur der Hälfte des angezeigten Wertes entspricht. Verschleissgrenze 0,05 mm.

● Alle Lagerschalen auf Beschädigungen, Ausbrüche und sonstige Fehler untersuchen.

● Mit Mikrometer Durchmesser des Kurbelzapfens messen. Sollwert 47,965 bis 47,980 mm.

● Mit Innentaster Innendurchmesser des Kurbelwellen-Gleitlagers im Gehäuse messen. Sollwert 48,000 bis 48,015 mm.

● Errechnetes Spiel soll 0,020 bis 0,050 mm betragen. Die Verschleissgrenze liegt bei 0,080 mm.

Falls Spiel ausser Toleranz, in SUZUKI-Werkstatt neue Lagerschalen einsetzen lassen. Dort werden neue Lagerschalen bei montierten Gehäusehälften gemeinsam auf Mass gehont.

● Axialspiel der Kurbellwelle im Gehäuse messen:

● Kurbelwelle mit Anlaufscheibe (Ölnuten weisen zur Kurbelwange) in rechte Gehäusehälfte einsetzen. Von aussen Druckscheibe, Steuerketten-Antriebsrad und Primärtriebrad aufsetzen. Schraube des Primärtriebs anziehen (80–110 Nm).

● Mit Fühlerlehrenblatt Spalt zwischen Kurbelgehäuse und Druckscheibe erfühlen. Sollwert 0,05 bis 0,10 mm.

● Falls Spiel nicht korrekt, Anlaufscheibe ausbauen und Dicke der Scheibe messen. Scheibe durch entsprechend dickere oder dünnere Scheibe austauschen, um Spiel in Toleranz zu bringen. Scheiben sind in Dicken von 1,925 bis 1,950 bis 2,150 bis 2,175 mm erhältlich.

● Mit Fühlerlehre Axialspiel des Pleuels auf Kurbelzapfen messen. Verschleissgrenze 0,30 mm. Falls Verschleissgrenze überschritten, entweder Pleuel oder Kurbelwelle ersetzen. Sollwert Pleuelfussbreite: 21,95 bis 22,00 mm; Kurbelzapfenbreite: 22,10 bis 22,15 mm.

● Mit «Plastigage», erhältlich im Kfz-Werkstattbedarfhandel, Spiel der Pleuellager bestimmen:

● Kurbelwellen-Lagerzapfen und Pleuellagerschalen von Öl und Fett säubern.

● Messstreifen auf öl- und fettfreien Lagerzapfen legen.

● ⚠ Darauf achten, dass der Kunststoffstreifen nicht über Ölbohrungen gequetscht wird und diese nicht verstopft. Messstreifen nicht am oberen oder unteren Totpunkt der Zapfen einlegen.

Pleuel und Kurbelwelle während der Montage nicht gegeneinander verdrehen!

● Lagerdeckel montieren.

● ⚠ Auf richtige Einbaulage und -Richtung der Deckel und Pleuelstangen achten: Innendurchmesser-Kennzeichnung («1», «2» oder «3») muss nach hinten weisen.

● Sitz und Gewinde der Mutter mit MoS_2-Fett schmieren und in zwei Durchgängen abwechselnd anziehen. **Pleuel und Kurbelwelle wäh-**

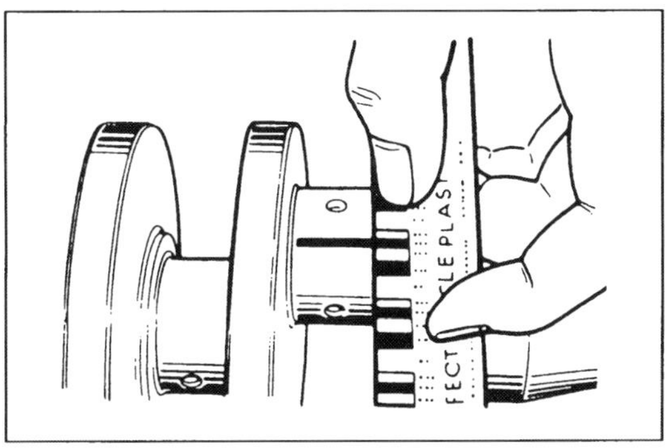

Bild 141
Plastigage-Messung der Hubzapfen

Lagerauswahltabelle

	Code	Kurbelzapfen-Aussendurchmesser Code ②		
		1	2	3
Pleuelstangen-Innendurchmesser Code ①	1	Grün	Schwarz	Braun
	2	Schwarz	Braun	Gelb
	3	Braun	Gelb	Blau

Bild 142
Lagerwahltabelle

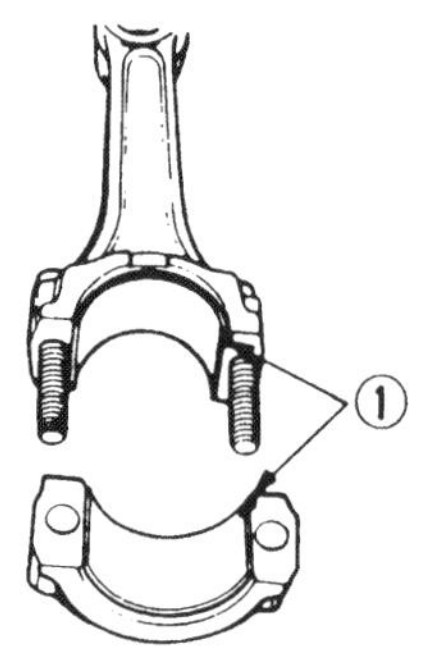

Bild 143
Lagerschalen einsetzen

rend der Montage nicht gegeneinander verdrehen!

● Anzugsmoment erster Durchgang: 22 bis 28 Nm; zweiter Durchgang: 49 bis 53 Nm.

● Lagerdeckel wieder abnehmen und Mess-Streifenbreite mit Plastigage-Skala vergleichen (Bild 141; je breiter der Streifen, desto kleiner das Spiel). Massgebend ist breiteste Stelle des Messstreifens. Verschleissgrenze: 0,080 mm.

Pleuellager-Wahl

● ⚠ Lagerschalen im Satz wechseln.

● Lagerinnendurchmesser der Pleuel sind an Stirnseite mit Zahlen («1», «2» oder «3») gekennzeichnet.

● Hubzapfen-Durchmesser sind an Stirnseite der linken Kurbelwange mit Zahlen («1», «2» oder «3») gekennzeichnet. Vordere Ziffer ist für linken Hubzapfen (hinteren Zylinder) zuständig, hintere Ziffer für rechten Hubzapfen (vorderer Zylinder). Richtige Lagerschale ergibt sich aus Tabelle Bild 142.

● Pleuellagerspiel mit neuen Lagerschalen nochmal kontrollieren.

14.3 Montage

● Pleuellagerschalen in Pleuelstangen und Lagerdeckel einsetzen:

● Haltenasen der Lagerschalen in entsprechende Nuten der Pleuelstangen und Lagerdeckel einpassen und Schalen von Hand eindrücken (Bild 143).

● ⚠ Sichergehen, dass Pleuel an ihrem ursprünglichen Platz montiert sind, entsprechend der beim Ausbau gemachten Kennzeichnung.

● Hubzapfen der Kurbelwelle mit MoS_2-Paste oder entsprechendem Produkt fetten.

● ⚠ Auf richtige Einbaulage und -Richtung der Deckel und Pleuelstangen achten (Durchmesser-Kennzeichnung muss zusammenpassen und nach hinten weisen).

● Sitz und Gewinde der Mutter mit MoS_2-Fett schmieren und in zwei Durchgängen abwechselnd anziehen.

● Anzugsmoment erster Durchgang: 22 bis 28 Nm; zweiter Durchgang: 49 bis 53 Nm.

● ⚠ Sichergehen, dass Pleuelstangen frei beweglich sind.

● Kurbelwelle in linke Gehäusehälfte einsetzen (keine Gewalt anwenden!).

● Anlaufscheibe so aufsetzen, dass deren Ölnuten zur Kurbelwange weisen.

15 Getriebe

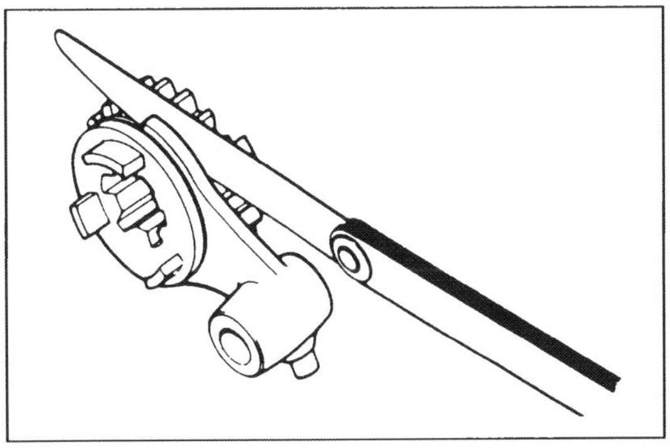

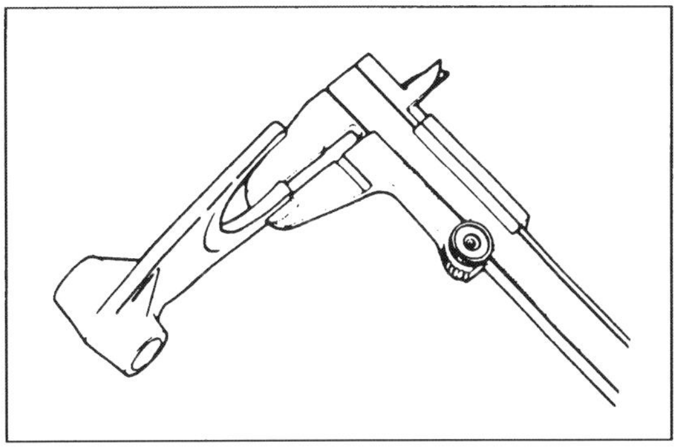

◄ **Bild 144**
Schaltgabelspiel messen

Bild 145
Klauendicke messen

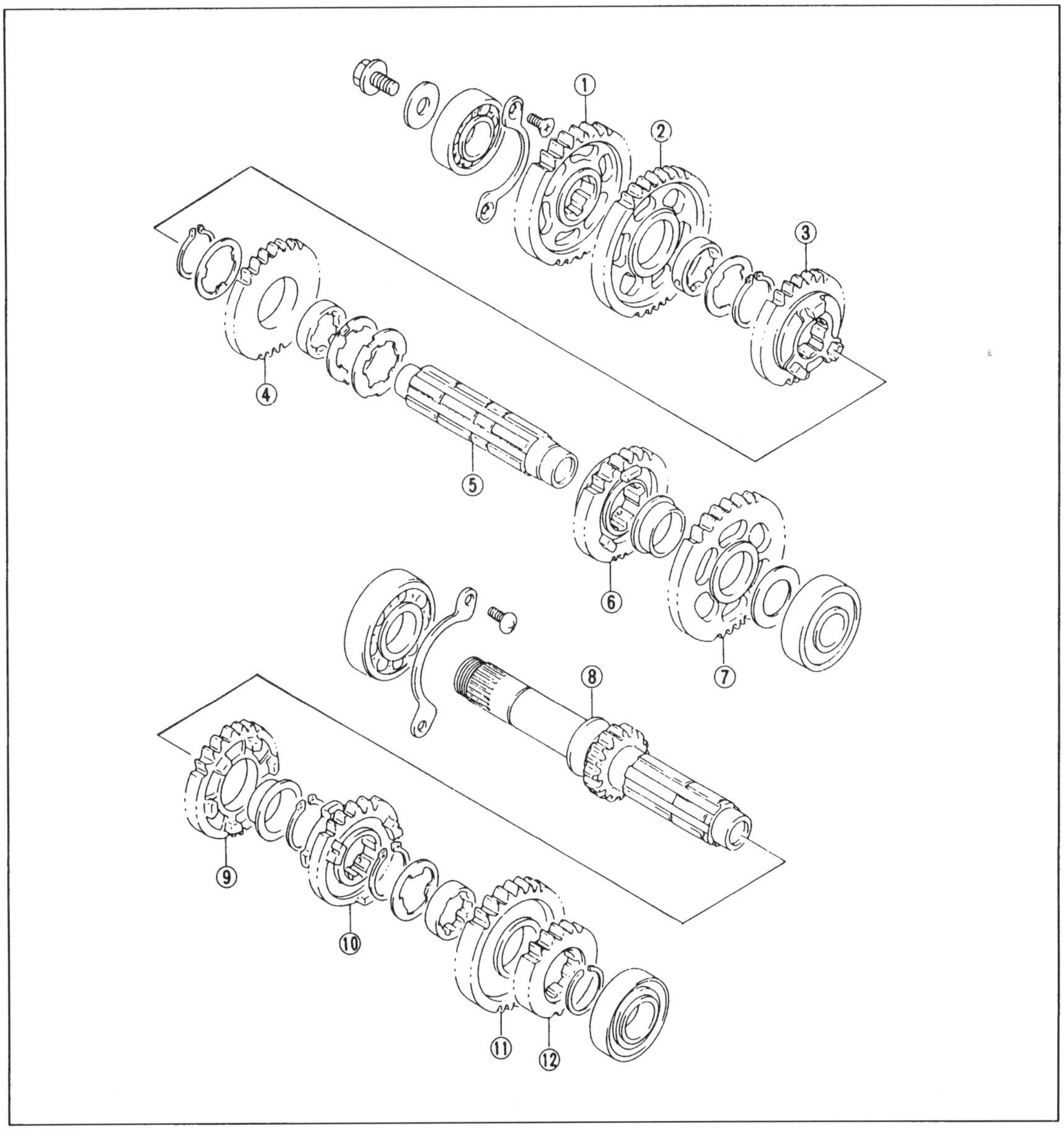

Bild 146
Getriebe
1 Untersetzungsrad
2 Abtriebsrad 1. Gang
3 Abtriebsrad 4. Gang
4 Abtriebsrad 3. Gang
5 Nebenwelle
6 Abtriebsrad 5. Gang
7 Abtriebsrad 2. Gang
8 Hauptwelle/Antriebsrad 1. Gang
9 Antriebsrad 4. Gang
10 Antriebsrad 3. Gang
11 Antriebsrad 5. Gang
12 Antriebsrad 2. Gang

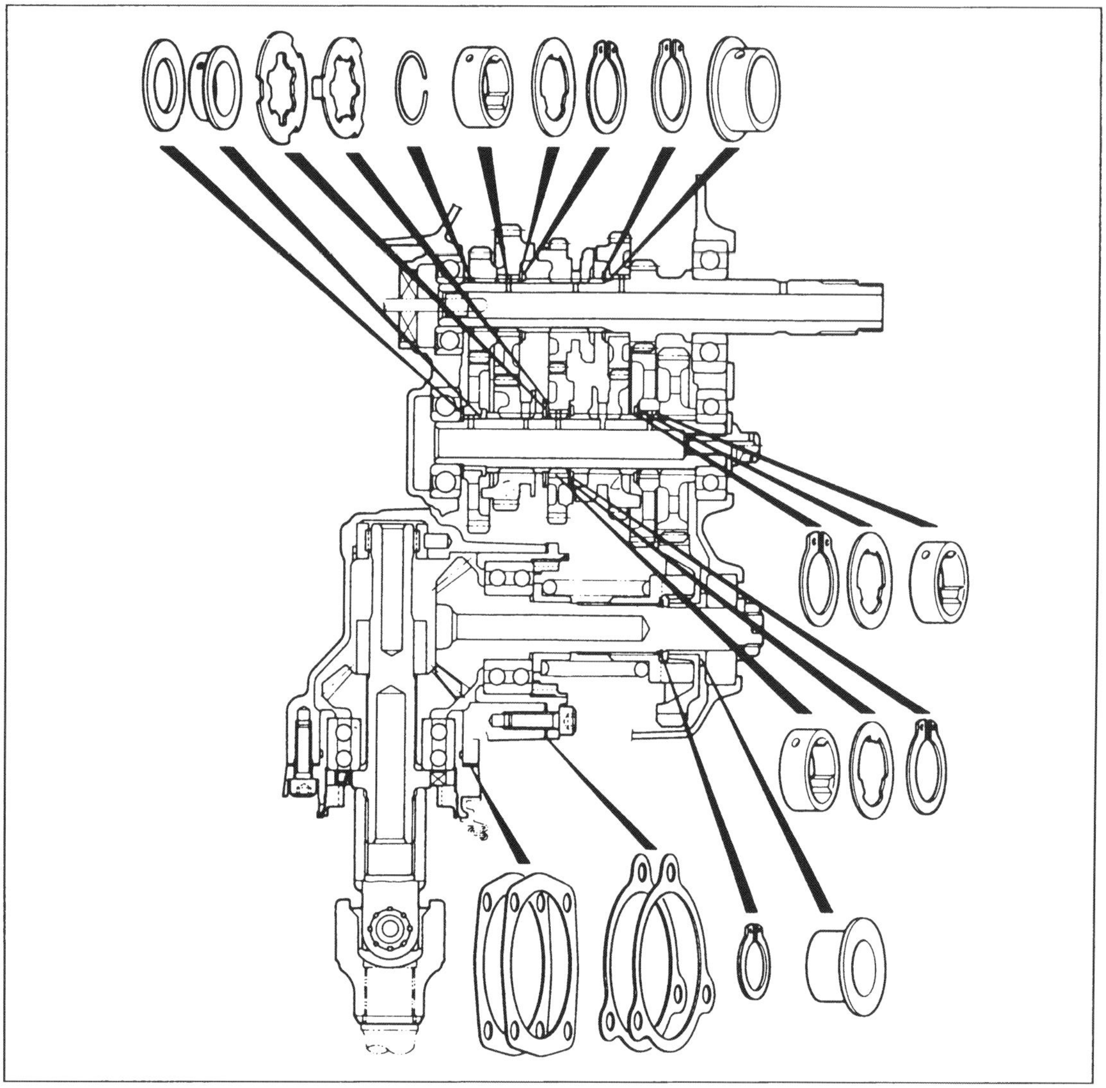

Bild 147
Einbaulage der Kleinteile

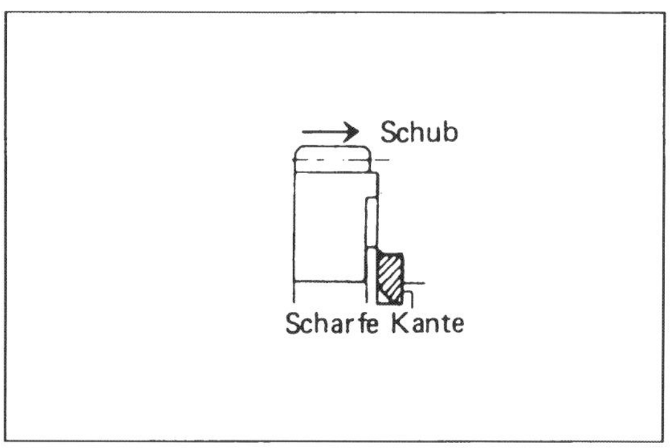

Bild 148
Einbaulage der Seegerringe beachten

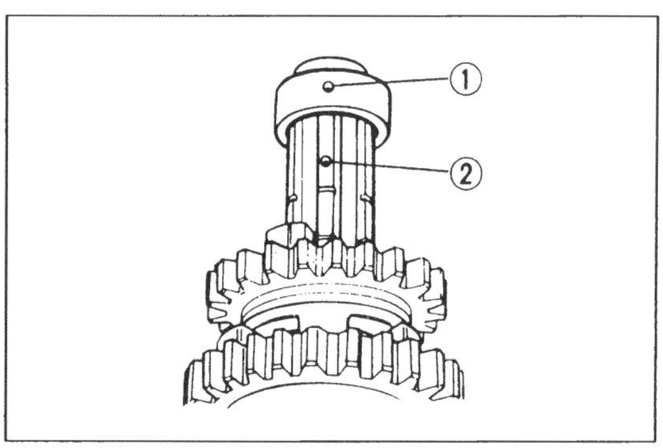

Bild 149
Ölbohrungen ausrichten

15.1 Ausbau

- Schaltgabelschienen herausziehen, dabei Schaltgabeln von Hand festhalten und entnehmen.
- Schaltwalze herausziehen.
- Getriebewellen von Hand entnehmen (bei getrennten Motor-Gehäusehälften) und mit Seegerringzange und kleinem Schraubendreher zerlegen.
- Einzelteile in Reihenfolge des Ausbaus aufbewahren und notieren.

15.2 Prüfen und Vermessen

- Mitnehmerklauen, -löcher, Zähne der Zahnräder und Rillen der Schaltwalze auf Verschleiss oder Ausbrüche der Härteschichte untersuchen. Bei Beschädigung Zahnräder nur im

Satz wechseln.

● Lager von Hand drehen. Lager müssen leicht und geräuschlos laufen. Festsitz des Lagerinnenrings auf Welle prüfen.

● Zahnräder auf gleichmässige Bewegung (axial und radial) prüfen.

● Spreng- und Seegerringe auf sauberen Sitz in ihren Nuten prüfen.

● Klauen und Mitnehmerstifte der Schaltgabeln auf blaue Anlaufstellen (Heisslauf), Abnutzung oder Beschädigung untersuchen.

● Spiel der Schaltgabeln in ihren entsprechenden Nuten messen (Bild 144). Sollwert 0,10 bis 0,30 mm; Verschleissgrenze 0,50 mm.

● Falls Spiel aus Toleranz, Schaltgabeldicke (Bild 145) und Laufrillenbreite messen. Gegebenenfalls Schaltgabel, betreffendes Zahnrad oder beide ersetzen. Sollwert Laufrille Nr. 1 5,50 bis 5,60 mm; Nr. 2 4,50 bis 4,60 mm. Sollwert Schaltgabeldicke Nr. 1 5,30 bis 5,40 mm; Nr. 2 4,30 bis 4,40 mm.

● Schaltwalze auf Beschädigung (Anlaufstellen, Ausbrüche in Härteschicht) oder übermässigen Verschleiss untersuchen.

● Schaltgabelschiene auf Richtplatte auf Verbiegung prüfen. Verbogene Schienen nicht versuchen gerade zu richten, sondern ersetzen.

● Schaltgabeln müssen auf Schiene reibungslos laufen.

15.3 Montage

● Falls demontiert, Motorkegelrad montieren (Bild 139; 18–28 Nm).

● Haupt- und Nebenwelle (Bild 146) montieren:

● ⚠ Alte Spreng- und Seegerringe nicht wiederverwenden, unbedingt Neuteile verbauen (Pfennigartikel!).

● ⚠ Beim Einbau neuer Sicherungsringe darauf achten, dass Ring beim Aufsetzen auf Welle nicht weiter aufgespreizt wird als unbedingt nötig und einwandfrei in seiner Nut sitzt. Stossfugen auf Stege der Keilverzahnung ausrichten.

● ⚠ Beim Einbau neuer Sicherungsringe Einbaurichtung des Rings in Bezug auf Axialdruckrichtung beachten (Bilder 147 und 148: scharfe Kante entgegen der Druckrichtung).

● Buchsen so aufschieben, dass Ölbohrungen fluchten (Bild 150).

● Laschen der Scheibe auf Ausschnitte der Sicherungsscheibe ausrichten (Bild 150).

● Reichlich MoS_2-Fett oder entsprechendes Produkt beigeben. Zahnräder auf Leichtgängigkeit und Bewegungsfreiheit auf Welle prüfen.

● Haupt- und Nebenwelle gemeinsam in linke Motorgehäusehälfte einsetzen.

● Schaltwalze in linke Motorgehäusehälfte einführen.

● Schaltgabeln gemäss Bild 151 einsetzen. Dabei Stifte der Gabeln auf Schaltwalzen-Rillen ausrichten.

● Schaltgabelschienen einschieben.

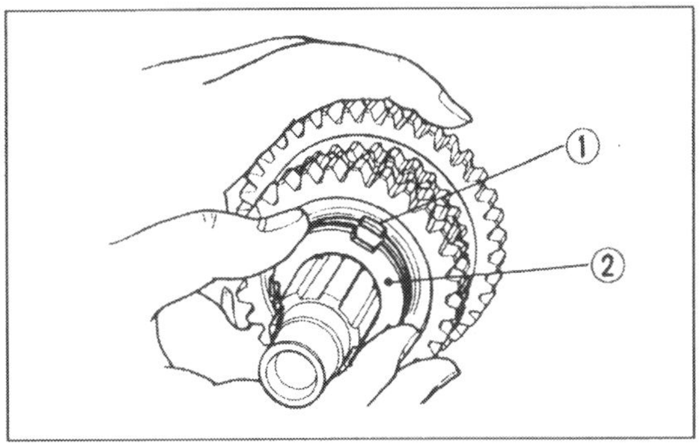

Bild 150
Hauptwelle verriegeln
1 Sicherungsscheibe Nr. 2
2 Sicherungsscheibe Nr. 1

Bild 151
Einbaulage der Schaltgabeln

16 Frontpartie

Bild 152
Klemmschraube lösen und Achse ausdrehen

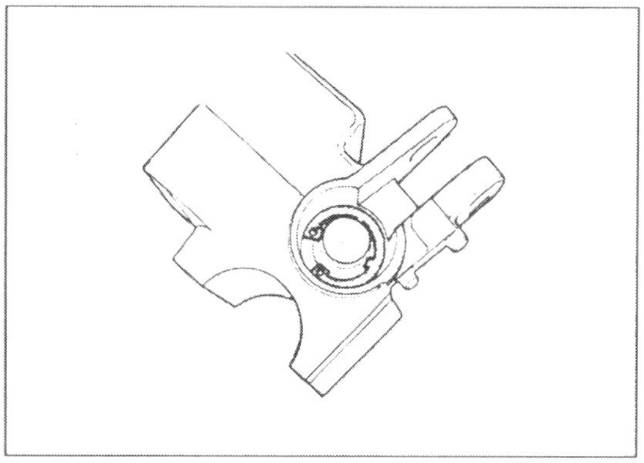

Bild 153
Seegerring ausfedern

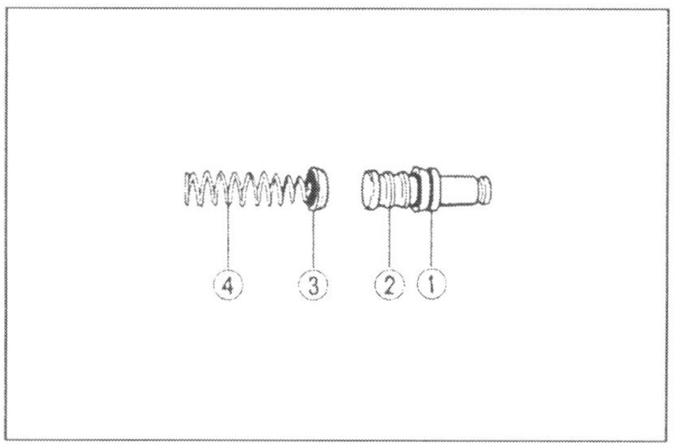

Bild 154
Pumpenkolbensatz
1 Sekundärdichtung
2 Kolben
3 Primärdichtung
4 Feder

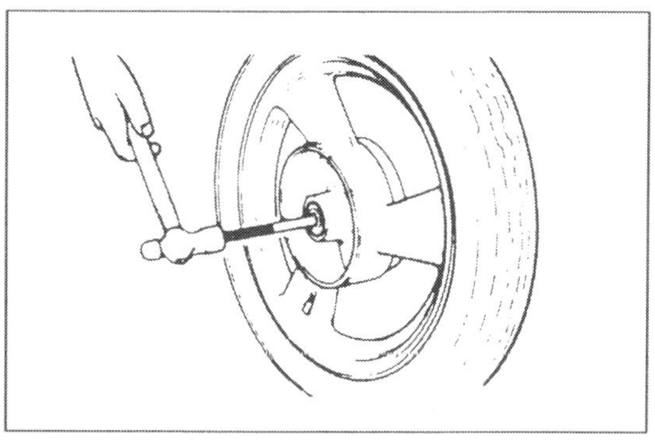

Bild 155
Lager austreiben

16.1 Ausbau

● Auf sicheren Stand der Maschine sorgen und mit Kiste o. ä. so unterbauen, dass Maschine nicht unversehens nach vorn kippt.
●⚠ Motorrad nicht am Ölfilter abstützen!
● Tachowelle nach Ausdrehen der Sicherungsschraube abnehmen.
● Vorderachse nach Ausdrehen der Achsklemmschraube ausdrehen (Bild 152) und Rad entnehmen. Auf Verbleib der Distanzhülse und Tachoschnecke links achten.

Bremssattel und Handpumpe

● Bremsklötze wie auf Seite 19 beschrieben ausbauen.
● Bremssattel nach Ausdrehen der Befestigungsschrauben (Bild 35) abnehmen.
● Auffanggefäss bereitstellen und Kolben durch Pumpen am Handhebel ausdrücken.
●⚠ Geeignetes Auffanggefäss für austretende Bremsflüssigkeit unterstellen!
● Hydraulikanschluss ausdrehen.
●⚠ Einmal ausgebaut, sind Kolbendichtringe Schrott; zur Montage nur Neuteile verwenden.
● Staubdichtungen und Kolbendichtringe hineindrücken und mit Schraubendreher «auspopeln», wobei diese zerstört werden.
●⚠ Vorsicht beim Entfernen der Dichtringe, Kolbengleitflächen nicht beschädigen!
●⚠ Einzelteile in sauberer Bremsflüssigkeit reinigen, niemals Reinigungslösungen oder Benzin verwenden.

Beim Zerlegen der **Handpumpe** gelten natürlich dieselben Vorsichtsmassnahmen in punkto Bremsflüssigkeit wie beim Wechsel der Flüssigkeit.

● Bremsflüssigkeit ablassen wie im Wartungskapitel beschrieben.
● Handpumpe nach Lösen von zwei Befestigungsschrauben von Lenkerhälfte abnehmen.
● Staubkappe mit zarter Spitzzange «herauspopeln» und Sicherungsring mit entsprechender Zange entfernen (Bild 153). Es folgen Kolben und Feder (Bild 154).

Laufrad

● Bremsscheibe nach Lösen der fünf Befestigungsschrauben abnehmen.
● Radialdichtring aushebeln.

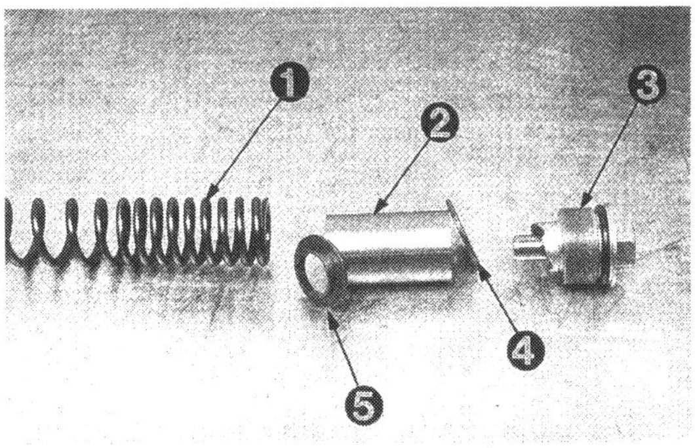

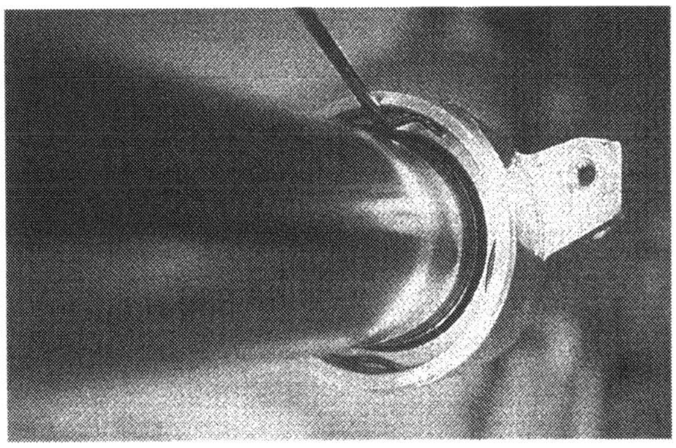

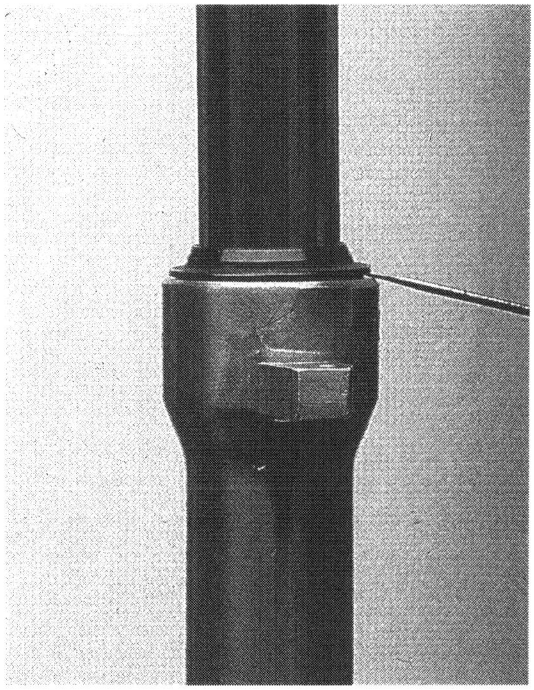

◄ **Bild 156**
Teleskopgabel
1 Feder
2 Distanzhülse
3 Deckelschraube mit O-Ring
4 Scheibe
5 Federsitz

Bild 157
Staubkappe aushebeln

◄ **Bild 158**
Sicherungsring aushebeln

● Radlager wie in Bild 155 gezeigt schrittweise über Kreuz austreiben, um Aufweiten der Lagersitze zu vermeiden.

Teleskopgabel

● Gabelbeine müssen zum Gabelölwechsel ausgebaut werden.

● Schutz-«Blech» ausbauen.

● TIP Bevor Gabelbein aus Gabelbrücken herausgezogen wird, obere Verschluss-Schraube bei angezogener Klemmung lockern.

● Gabelbrücken-Klemmung oben und unten lockern und Gabelbein nach unten herausführen.

● Obere Gabelverschluss-Schraube ausdrehen. Vorsicht, Schraube steht unter Federdruck.

● ⚠ Auffanggefäss bereitstellen und Gabelöl durch Pumpen herausbefördern.

● Staubdichtung aus Sitz aushebeln (Bild 157) und Anschlagfederring aushebeln (Bild 158).

● Untere Gabelverschluss-Schraube (Innensechskant SW 6) ausdrehen (Bild 159).

● TIP Falls sich Dämpferstange mitdreht, Feder mit Federsitzen und Distanzstück provisorisch montieren.

● Tauchrohr gut geschützt in Schraubstock spannen und Standrohr nach dem Ziehhammer-Prinzip samt Wellendichtring, Sitzring und Tauchrohr-Buchse ausziehen (Bild 160).

● Gleitbuchsen von Stand- und Tauchrohr lassen sich leicht von Hand demontieren, ist jedoch zur Sichtprüfung nicht nötig.

Lenkkopflager

● Obere Gabelbrücke nach Ausdrehen der Lenkschaftrohrmutter (1) Bild 40 abnehmen.

● Nutmutter (2) Bild 40 ausdrehen und untere Gabelbrücke/Gabelschaftrohr nach unten her-

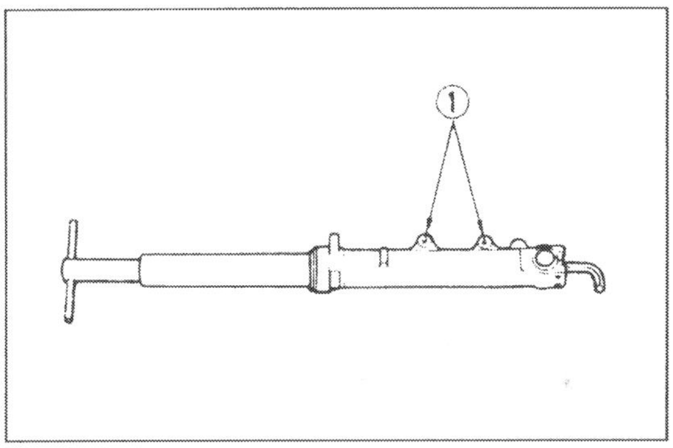

Bild 159
Untere Gabelverschluss-Schraube lösen
1 Bremssattel-Aufnahme

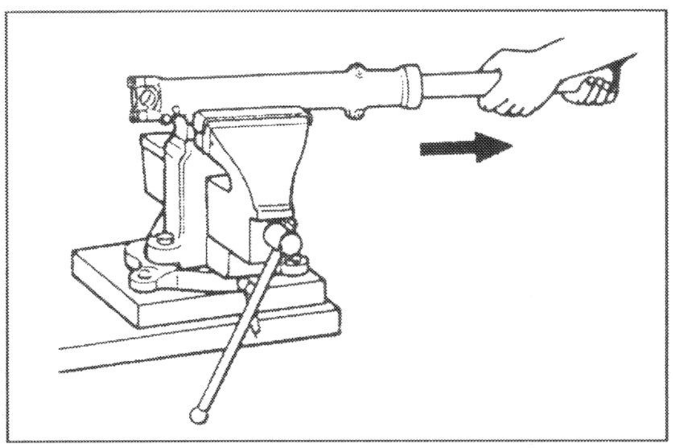

Bild 160
Standrohr ausziehen

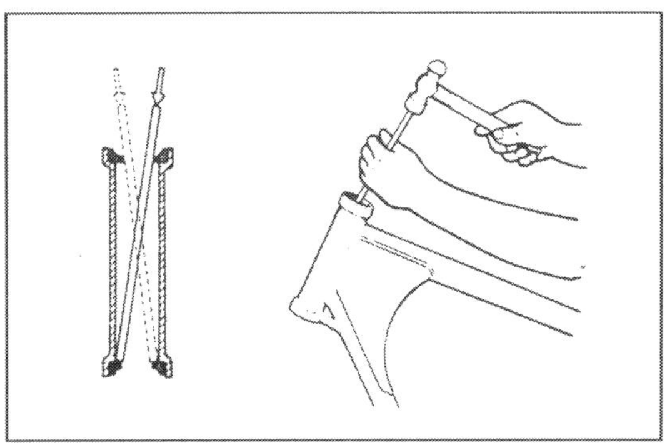

Bild 161
Lager austreiben

ausführen.

- Lagerlaufkörper oben entnehmen.
- Lagerlaufringe wie in Bild 161 gezeigt austreiben. Schrittweise über Kreuz austreiben damit Lagersitz nicht aufgeweitet wird.
- Laufring auf unterer Gabelbrücke mit Meissel vom Sitz treiben (Bild 162).

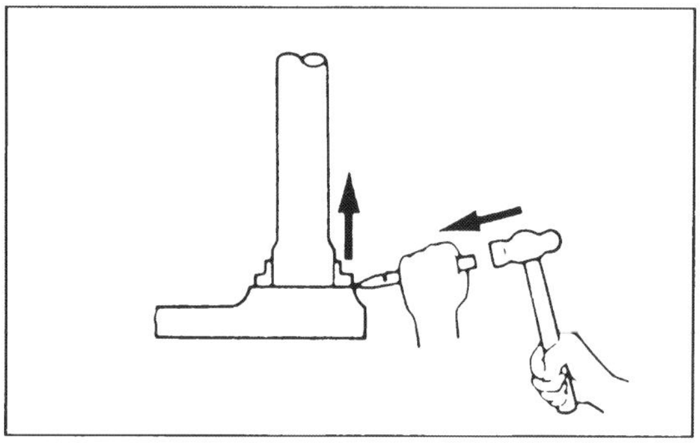

Bild 162
Lagerschale von unterer Gabelbrücke austreiben

16.2 Prüfen und Vermessen

Lenkkopflager

- Lenkkopflager auswechseln, wenn sie nicht absolut ruhig laufen oder «Rastung» aufweisen. Siehe Kapitel Wartung, Seite 20.

Laufrad

- Achse auf Messplatte rollen um Schlag zu prüfen (Achse muss frei rollen).
- Auf Zentrierständer Radunwucht feststellen (einen solchen Stützbock kann man leicht improvisieren oder selbst herstellen. Ein stabiler Schraubstock reicht oft schon aus, um verschraubte Radachse einzuspannen). Wuchtung des Rades nach jedem Reifenwechsel prüfen. Reifen so montieren, dass Ausgleichsmarke – Farbpunkt auf der Reifenflanke – genau in Höhe des Ventils steht. Am Vorderrad maximal 70 Gramm Wuchtgewicht (Hinterrad 60 Gramm) anbringen.
- Räder auf Zentrierständer lagern, Seiten- und Höhenschlag mit Messuhr prüfen (Bild 163). Verschleissgrenze jeweils 2,0 mm. Unrund laufende Räder erneuern.
- Innenlaufringe der Radlager mit Finger auf einwandfreien und geräuschlosen Lauf prüfen. Aussenlaufring muss fest in der Nabe sitzen.

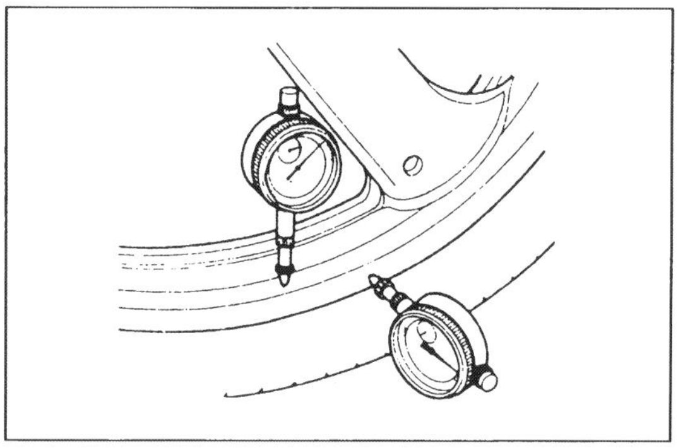

Bild 163
Seiten- und Höhenschlag messen

Teleskopgabel

- Standrohr in Prismen legen und Schlag messen, Verschleissgrenze 0,20 mm. Dabei beachten, dass tatsächlicher Schlag der Hälfte des gemessenen Wertes entspricht!
- Freie Länge der Gabelfeder messen. Verschleissgrenze: 348 mm.
- Einzelteile der Gabel auf Kratzer, Riefen oder anomalen Verschleiss untersuchen. Nylon-Kolbenring des Dämpferkolbens bei starker Abnutzung auswechseln.
- Gleitbuchsen von Tauch- und Standrohr auswechseln, wenn Kupferfläche ¾ der Fläche einnimmt.

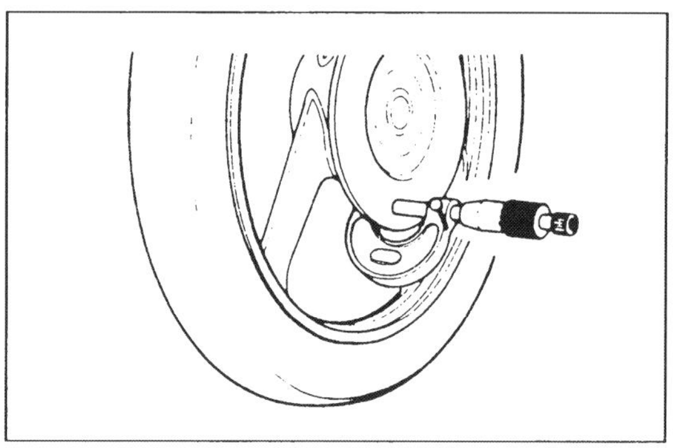

Bild 164
Scheibendicke messen

Bremsanlage

- Verschmutzte Bremsklötze reduzieren die Bremswirkung, deshalb wegwerfen.
- Bremsklötze austauschen, wenn Verschleiss-Anzeigenut erreicht ist. Siehe Kapitel Wartung und Technische Daten, Seite 94.
- Verschmierte Bremsscheiben mit hochwerti-

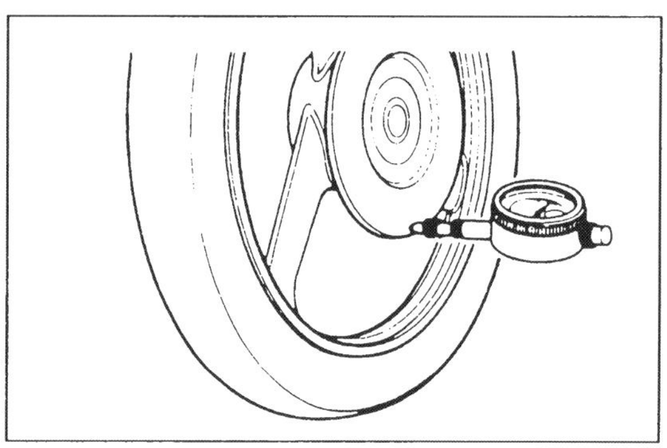

Bild 165
Scheibenschlag messen

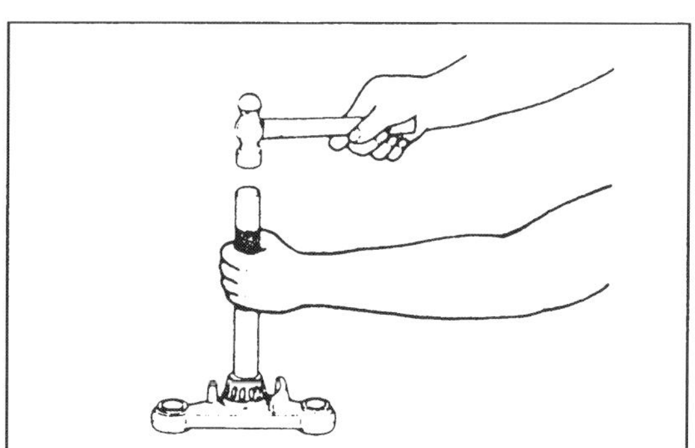

Bild 166
Lager eintreiben

gem Entfettungsmittel reinigen.

● Stärke der Bremsscheiben mit Mikrometer messen (Bild 164). Verschleissgrenze vorn: 5,0 mm; hinten: 5,5 mm.

● Verzug an der Bremsscheibe mit Messuhr messen (Bild 165). Verschleissgrenze 0,30 mm.

● Bremssattel- und Handpumpen-Zylinder und -Kolben dürfen keine Riefen oder Kratzer aufweisen.

● Verschleissgrenzen für Kolben und Zylinder siehe Technische Daten, Seite 89.

16.3 Montage

Lenkkopflager

● Unteren Lagerlaufring samt Staubdichtung auf Lenkerschaftrohr mit passendem Rohrstück auftreiben (Bild 166).

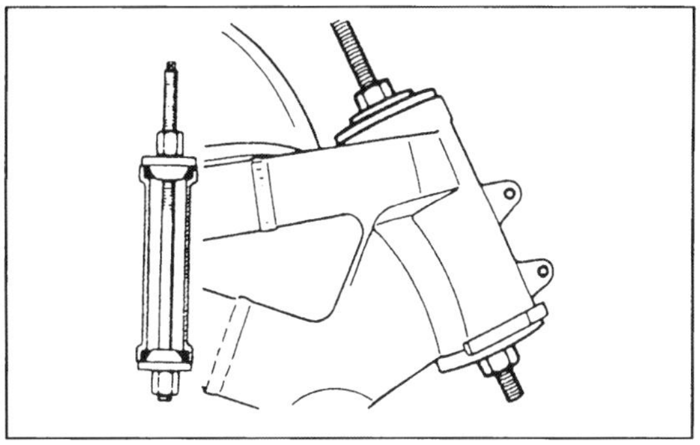

Bild 167
Lager einziehen

● TIP Nur obiger Laufring: Erwärmen des Laufrings auf ca. 100° C erleichtert Aufschieben.

● In oberen und unteren Lenkkopflagersitz Lagerschale mit passendem Rundmaterial eintreiben. Darauf achten, dass Lagerschale nicht verkantet und so Lagersitz aufweitet. Besser Lager mit Gewindestange einziehen wie in Bild 167 gezeigt.

● Untere Gabelbrücke/Lenkschaftrohr (Bild 168) von unten in Lenkkopf einführen.

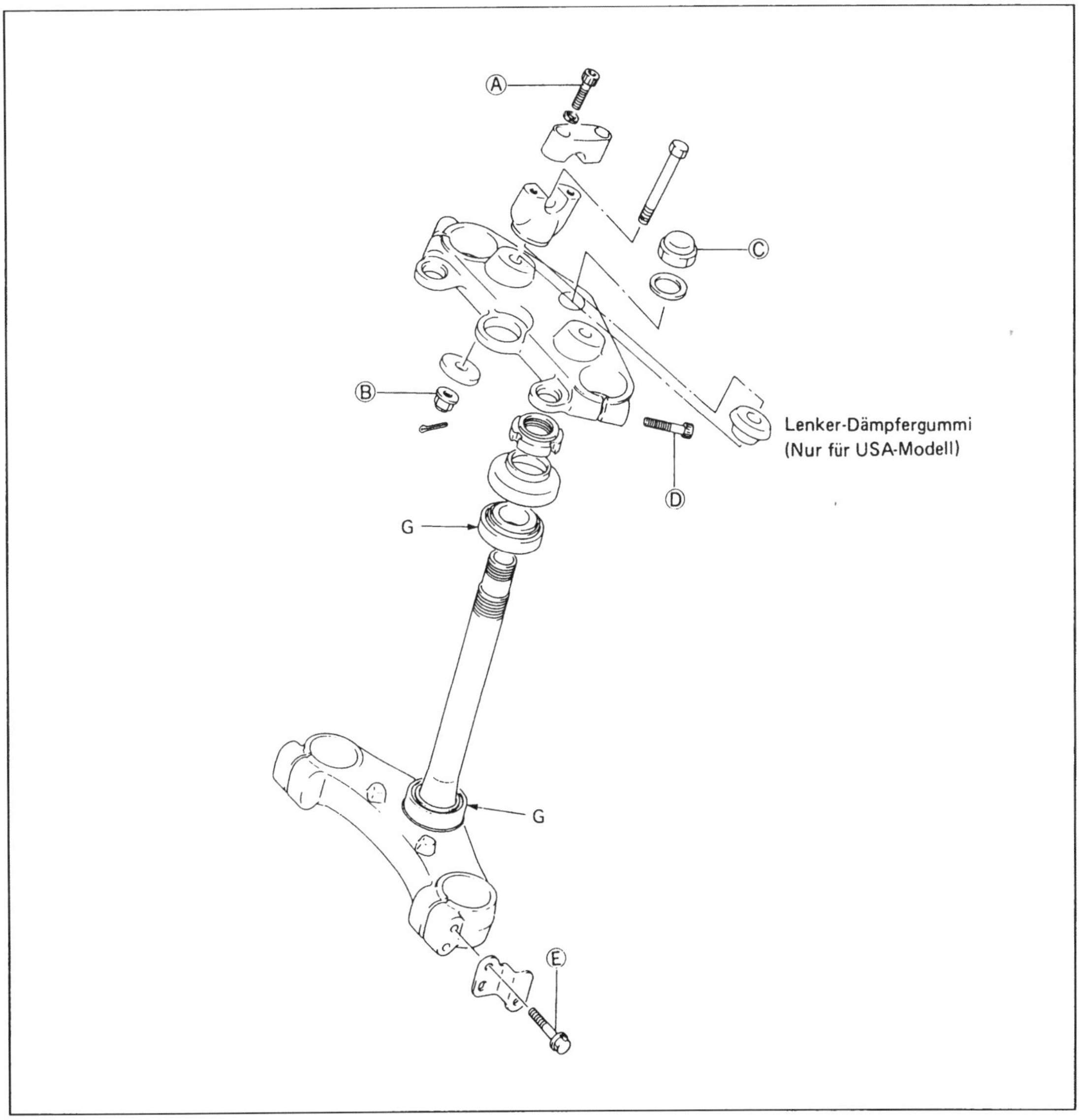

Bild 168
Lenkkopflager
Anzugsmomente:
A 18–28 Nm
B 20–30 Nm
C 50–80 Nm
D und E 18–28 Nm

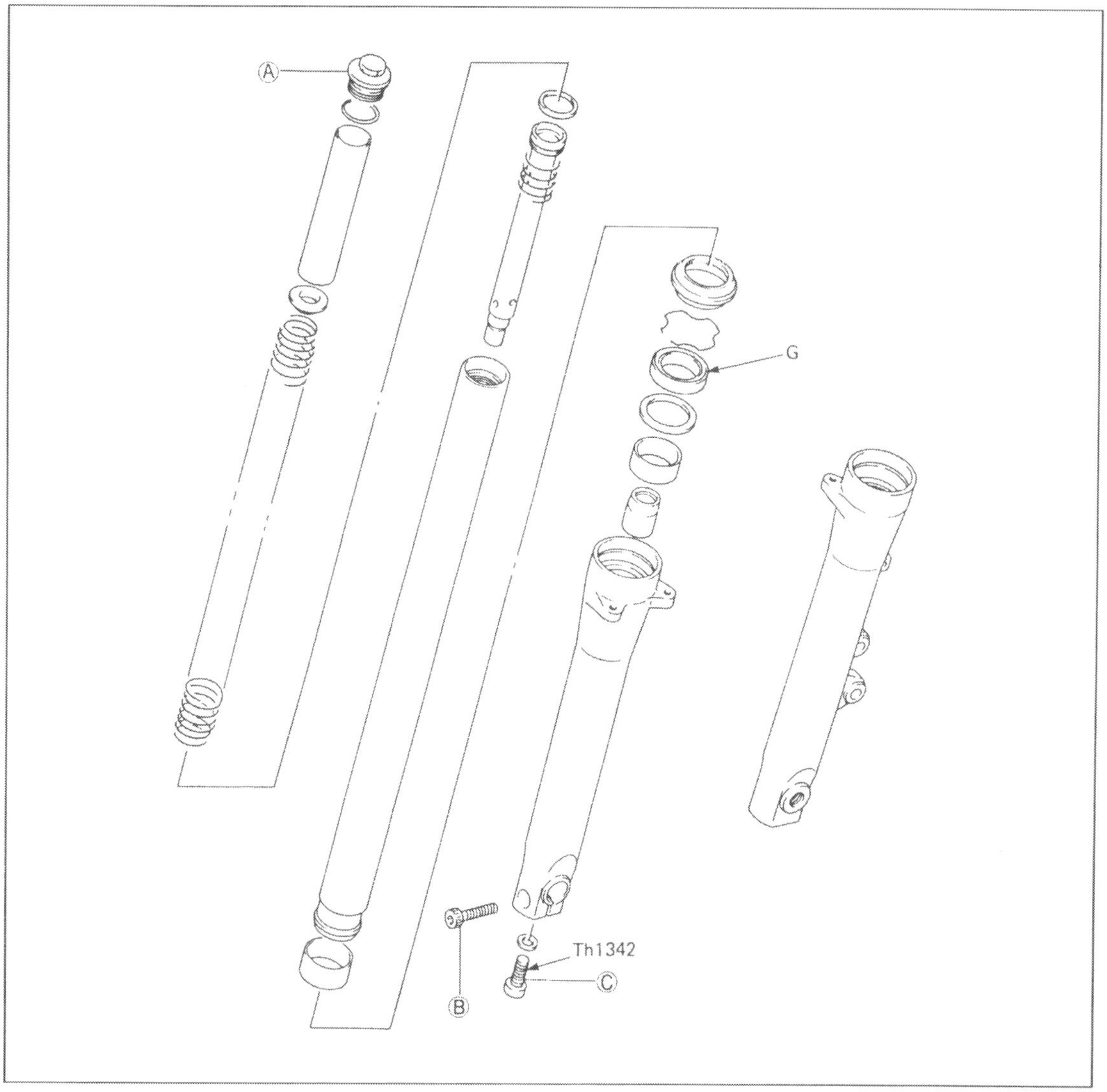

Bild 169
Teleskopgabel
Anzugsmomente:
A 15 – 30 Nm
B 18 – 28 Nm
C 25 – 35 Nm
G = Fett auftragen
Th 1342 = flüssige Schraubensicherung auftragen

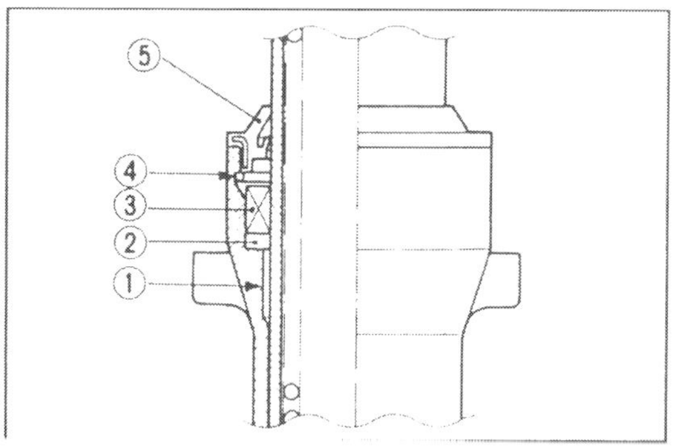

Bild 170
Gabelführung und -Abdichtung
1 Tauchrohrbuchse
2 Dichtringhalter
3 Wellendichtring
4 Anschlagring
5 Staubdichtung

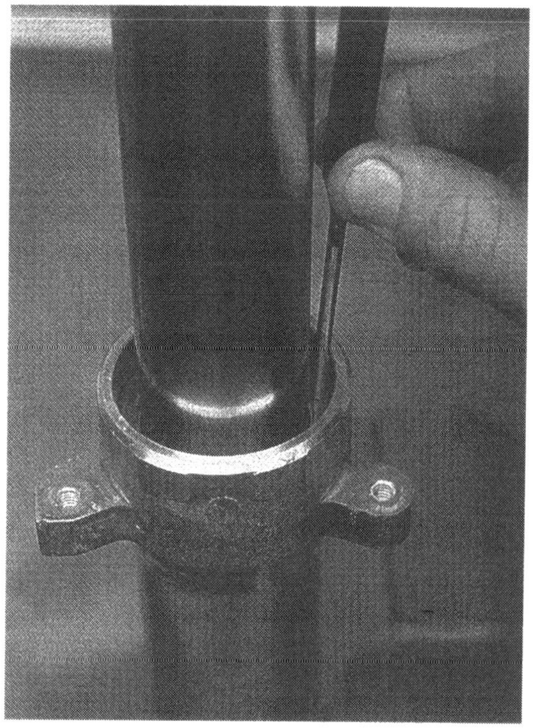

Bild 171 ▶
Tauchrohrbuchse eintreiben

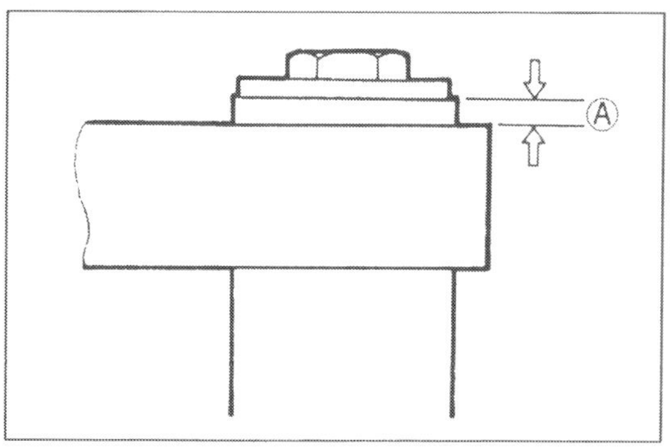

Bild 172
Überstand A: 5 mm

● Oberen Lagerlaufkörper gefettet einlegen. Staubschutzdeckel auflegen.

● Nutmutter mit 52 Nm anziehen, damit sich Lagerschalen setzen. Lenkschaftrohr mehrmals von Anschlag zu Anschlag drehen. Anschliessend Nutmutter wieder lösen. Nutmutter spielfrei und locker anlegen. Anzugsmoment: 3 Nm.

● Obere Gabelbrücke und Gabelstandrohre provisorisch montieren.

● Lenkkopflager-Einstellung gemäss Kapitel 3.16, Seite 20 durchführen.

Teleskopgabel

● Einzelteile der Gabel (Bild 169), insbesondere Wellen- und Staubdichtringe, mit sauberem Gabelöl anfeuchten.

● Standrohrbuchse von Hand auf Standrohr aufschieben. Gleitflächen nicht verkratzen!

● Dämpferstange mit Rückprallfeder durch Standrohr schieben.

● Standrohr mit Dämpferstange wie oben bestückt in Tauchrohr einführen.

● Öldichtstück anbringen.

● Untere Gabelverschluss-Schraube mit flüssiger Schraubensicherung und neuem Kupferdichtring eindrehen.

● Tauchrohrbuchse ① Bild 170 mit Sitzring schrittweise über Kreuz eintreiben (Bild 171).

● Wellendichtring mit Gabelöl anfeuchten und mit Beschriftung nach oben entweder mit passendem Rohrmaterial oder schrittweise über Kreuz mit langem Dorn eintreiben.

● Anschlagring in Nut des Gleitrohrs einsetzen und auf einwandfreien Sitz in Nut achten. Staubdichtung einsetzen.

● Standrohr bis zum Anschlag in Gleitrohr einschieben und Gabelholme mit Gabelöl befüllen. Standard-Einfüllmenge je Holm: 392 cm³; 10er Viskosität.

● Gabelbein und Dämpferstange einige Male auf- und abpumpen, um Dämpfer zu entlüften. Gabel zusammmenschieben und Ölstand von Rohroberkante messen. Unbedingt darauf achten, dass Ölstand in beiden Gabelbeinen gleich ist.

● Standard-Ölpegel von Rohroberkante gemessen: 138 mm.

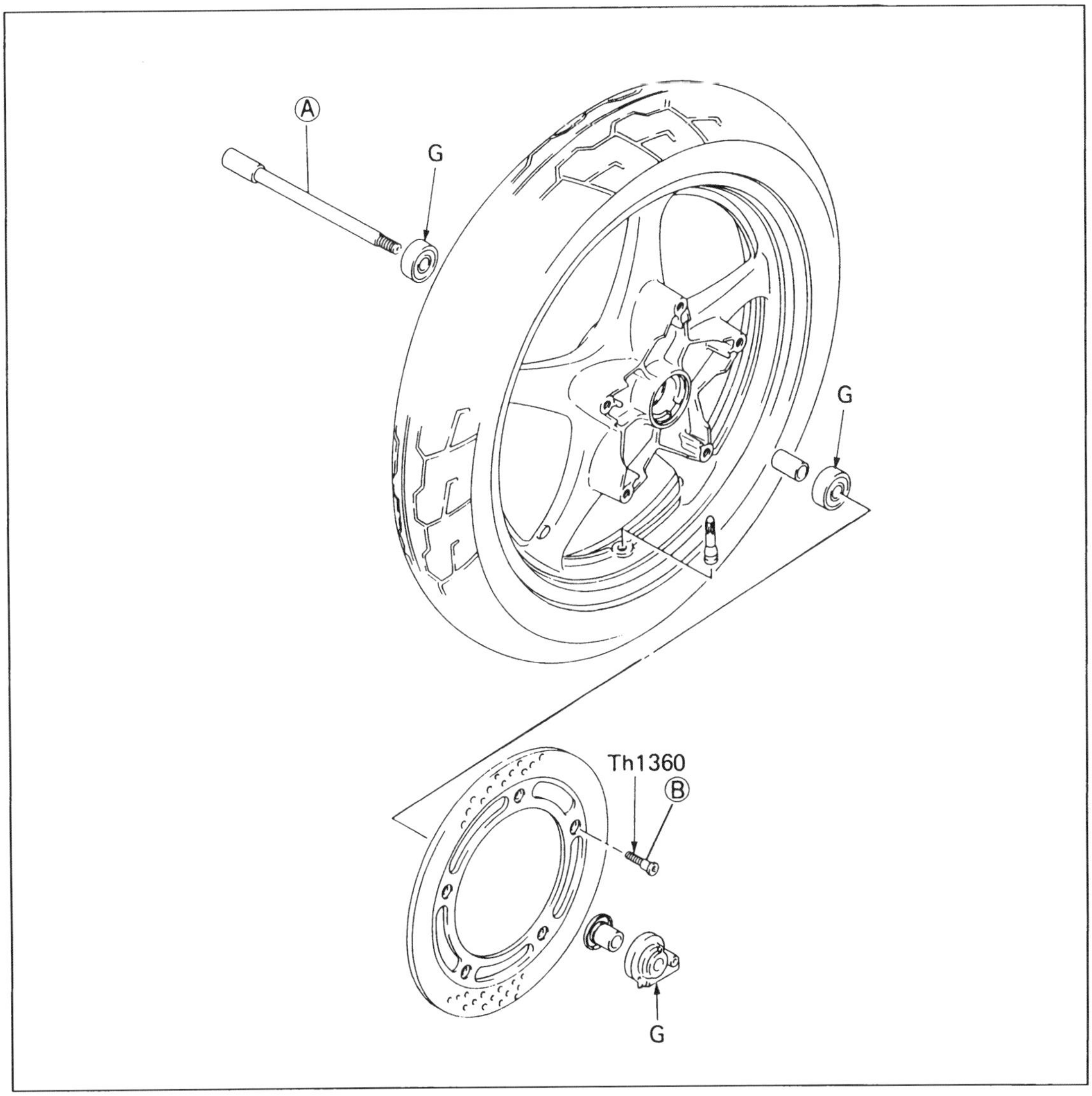

Bild 173
Vorderrad
Anzugsmomente:
A 36–52 Nm
B 18–28 Nm
G = Fett auftragen
Th 1342 = flüssige Schraubensicherung auftragen

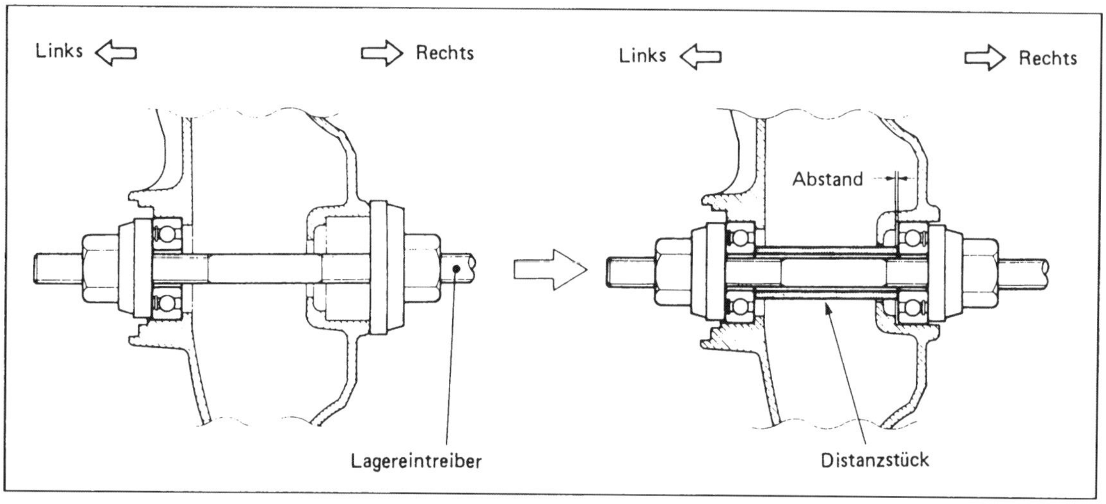

Bild 174
Radlager einziehen

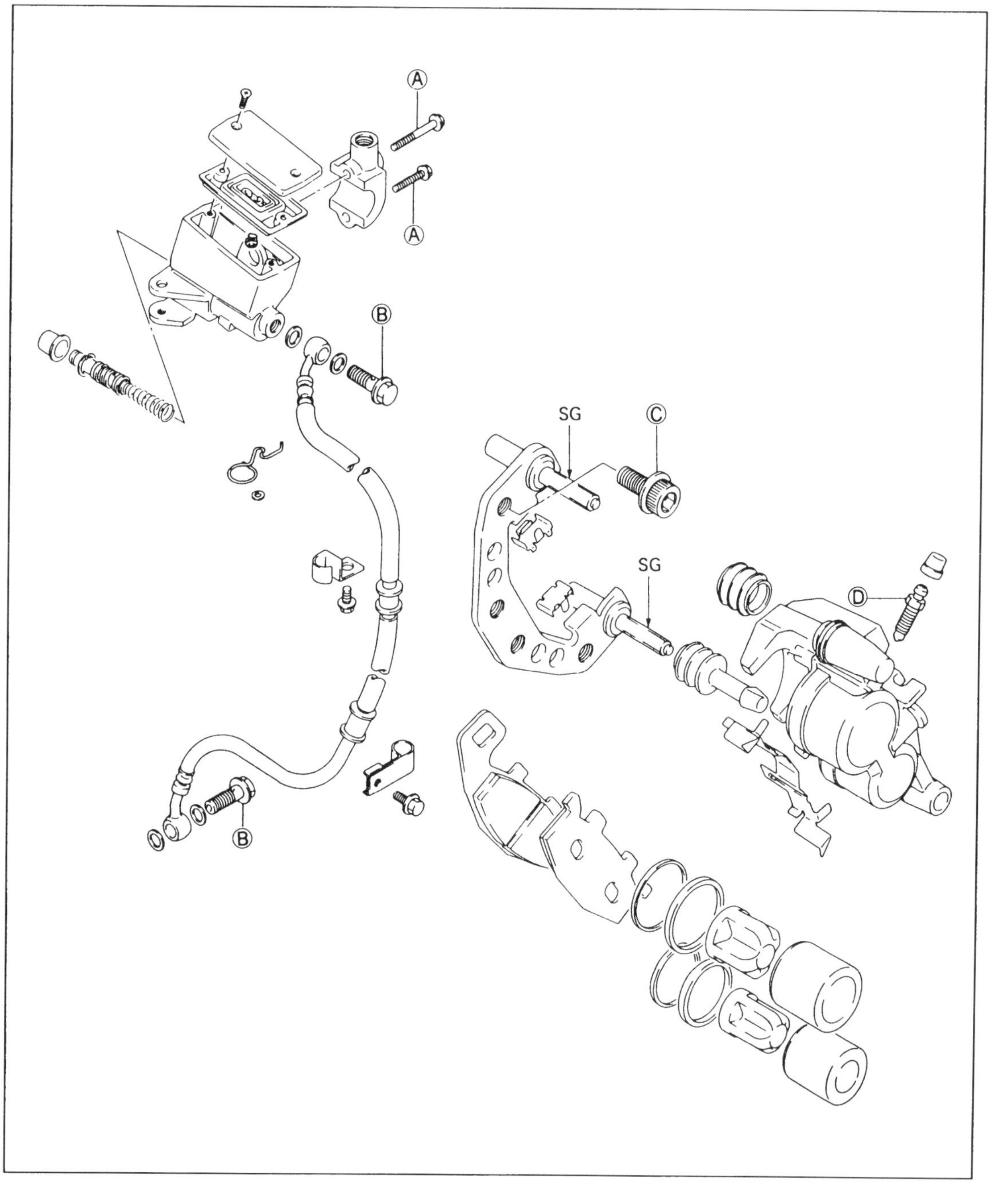

Bild 175
Vorderradbremse
Anzugsmomente:
A 5–8 Nm
B 15–20 Nm
C 30–48 Nm
D 6–9 Nm
SG = Silikonfett auftragen

● Gabelfeder mit enggewundenem Ende nach oben weisend in Standrohr einführen. Es folgen Federsitz und Vorspannhülse.
● Obere Verschluss-Schraube mit geöltem O-Ring eindrehen (15–30 Nm).
● Standrohr unter gleichzeitigem Drehen durch Gabelbrücken schieben.
● Gabel-Standrohr muss 5 mm über obere Gabelbrücke überstehen (Bild 172).
● Obere und untere Gabelklemmschrauben anziehen (18–28 Nm).
● Schutz-«Blech» und Lenker montieren.

Laufrad (Bild 173)

●⚠ Auf keinen Fall einmal ausgebaute Radlager wieder einbauen, grundsätzlich Neuteile verwenden.
● TIP Erwärmen der Nabe auf ca. 100 °C erleichtert das Eintreiben der Lager (Lager «schlüpfen» fast von selbst in Lagersitz). Vor Erwärmen der Nabe Bremsscheibe demontieren.
● Lagerhohlräume des linken Lagers mit Fett füllen und mit passendem Dorn oder Nuss so eintreiben (besser einziehen, siehe Bild 174), dass abgedichtete Seite aussen liegt. Beim Eintreiben sorgfältig darauf achten, dass Lager nicht verkantet, und sichergehen, dass es vollkommen aufsitzt.
●⚠ Lager nur am Lageraussenring nachsetzen!
● Distanzhülse in Radnabe einsetzen und rechtes Lager so einziehen (abgedichtete Seite nach aussen), dass Lager auf Distanzstück aufsitzt.
●⚠ Auf genaue Flucht der Distanzhülse achten, eventuell Achse provisorisch einschieben.
● Bremsscheiben-Befestigungsschrauben mit flüssiger Schraubensicherung montieren (18–28 Nm). Bremsscheibe mit hochwertigem Entfettungsmittel (Bremsscheibenreiniger) reinigen.
● Rad zwischen Gabelbeine einsetzen. Achse von rechts in Gabel und Radnabe einschieben. Distanzstück und Tachoschnecke einschieben und Achse durchschrauben.
● Achse locker anziehen und Frontpartie 3 bis 4 mal «zusammenstauchen» (dabei nicht mit Bremse blockieren, sondern gegen Mauer o. ä. drücken), dann Achse anziehen (36–52 Nm).

Bremssattel und Handpumpe (Bild 175)

●⚠ Kunststoff-Bauteile der Bremsanlage nicht mit Benzin oder sonstigen Spezialreinigern säubern. Gummidichtlippen und -Ringe können eventuell aufquellen!

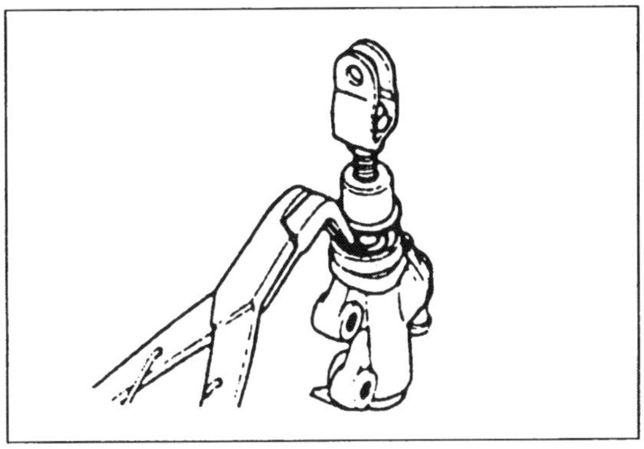

Bild 176
Seegerring einfedern

● Vor Zusammenbau alle Teile der hydraulischen Bremsanlage mit sauberer Bremsflüssigkeit reinigen und anfeuchten.
●⚠ Falls demontiert, Kolbendichtringe und Staubdichtringe des Bremssattels grundsätzlich durch neue ersetzen.
● Dichtringe vor Einsetzen mit Bremsflüssigkeit anfeuchten.
● Kolben mit offenen Seiten zum Bremsbelag weisend einbauen. Darauf achten, dass Dichtlippen nicht umgestülpt werden.
● Belagbleche anbringen und Bremssattel (Zapfen Silikon-gefettet) auf Haltebügel aufschieben.
● Beläge wie im Kapitel Wartung, Seite 19 gezeigt einsetzen.
● Kolben vorsichtig soweit wie möglich in Bremssattel eindrücken (mit sauberem, fettfreiem Werkzeug).
● Bremssättel auf Scheibe aufsetzen und am Gabeltauchrohr befestigen (30–48 Nm).
● Geberzylindersatz (vormontiert mit Feder: breites Ende der Feder nach innen weisend) mit Bremsflüssigkeit schmieren und in Gehäuse der Handpumpe einführen. Darauf achten, dass Dichtlippen nicht umstülpen!
● Zylindersatz leicht gegen Feder eindrücken und Sicherungsring mit entsprechender Zange einsetzen (Bild 176). Staubkappe aufziehen.
● Geberzylinder am Lenker anbringen. Zuerst obere Befestigungsschraube ganz anlegen, dann untere.
● Bremsschlauch-Verbindungen mit zwei neuen Dichtscheiben je Anschluss installieren und anziehen, falls sie entfernt wurden (15–20 Nm).
● Hydrauliksystem befüllen und entlüften wie ab Seite 18 beschrieben.

17 Heckpartie

17.1 Ausbau

- ⚠ Maschine sicher aufbocken.
- Befestigungsschraube der Bremssattelabstützung abnehmen.
- Abdeckkappe der Achsmutter abnehmen und Mutter ausdrehen.
- Hinterachse herausziehen und Rad herausführen.
- Bremsscheibe nach Ausdrehen der fünf Befestigungsschrauben abnehmen.
- Falls Abtriebsflansch defekt, Sicherungsblechlaschen der Befestigungsschrauben des Flanschs (Bild 181) flachbiegen und Befestigungsschrauben ausdrehen. Flansch abziehen.
- Zerlegen des Bremssattels siehe Kapitel 18.1.
- TIP Zum Zerlegen des Bremssattels, vor Abnehmen des Bremssattels vom Halter, Sattelverschraubung leicht lösen.
- Stossdämpfer nach Lösen der Befestigungsschrauben A und B Bild 177 abnehmen.
- Winkeltriebgehäuse nach Ausdrehen der drei Muttern 20 Bild 180 abnehmen.

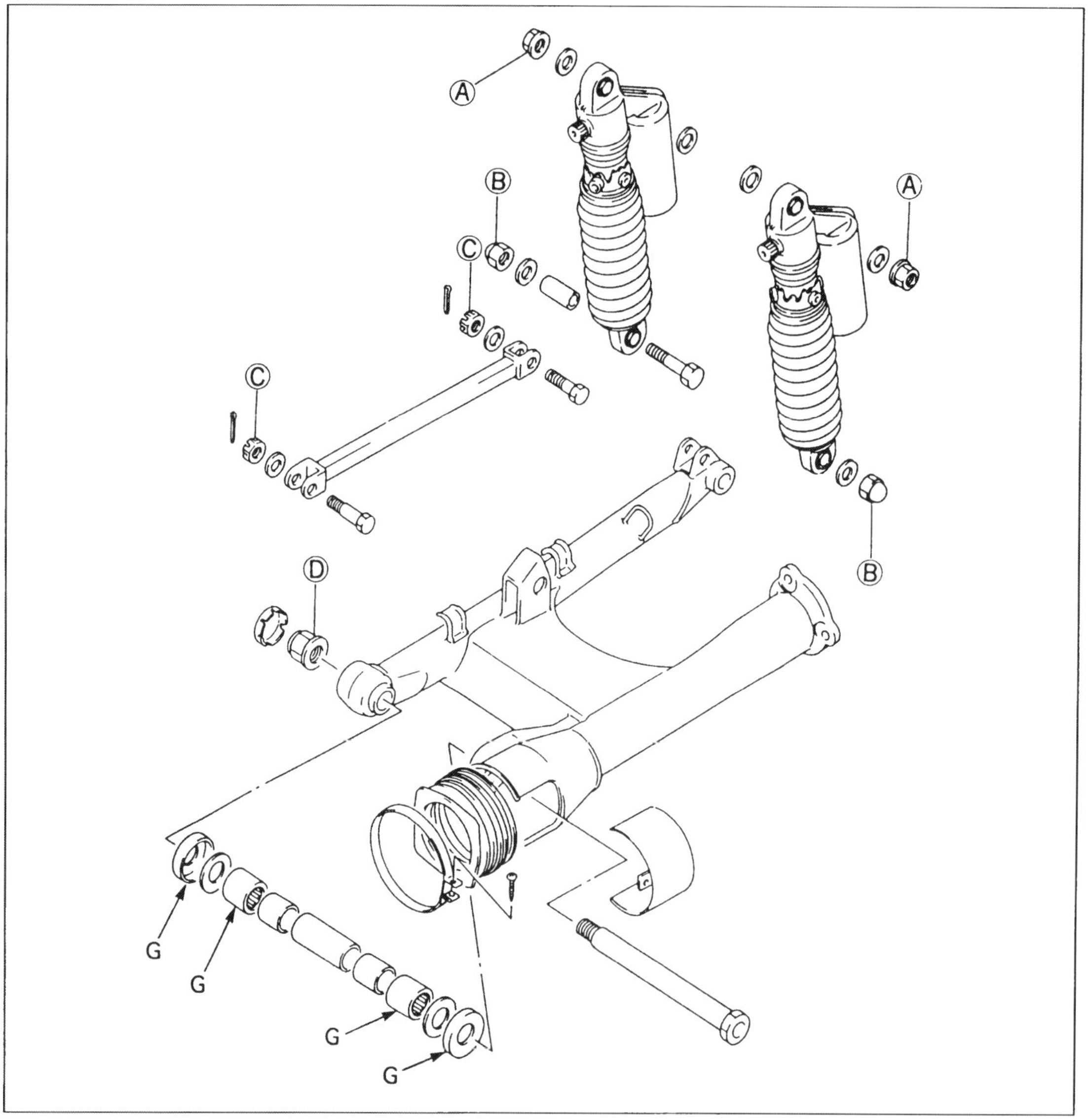

Bild 177
Hinterrad-Federung und Schwinge
Anzugsmomente:
A und B 22–35 Nm
C 22–35 Nm
D 100–130 Nm
G Fett auftragen

● Links und rechts Fahrerfussrasten abnehmen.
● Spannband der Gelenkmanschette lösen und Manschette nach vorn schieben.
● Abdeckung abnehmen und Gelenk entnehmen.
● Rechts Schwingachsen-Abdeckung aushebeln und Achsmutter ausdrehen.
● Schwingenachse nach links herausziehen.
● Schwinge aus Rahmen führen. Auf Verbleib der Scheiben links und rechts achten.

17.2 Prüfen und Vermessen

● Rad- und Schwingenlager müssen bei Fingerprobe gleichmässig geräuschlos laufen.
● Dämpferstange auf Ölaustritt absuchen (→ undichte Dichtringe).
● In montiertem Zustand durch Einfedern des Hecks Dämpfwirkung prüfen.
● Hinterrad-Federung in montiertem Zustand wie im Kapitel Wartung beschrieben prüfen.
● Schwinge auf Verzug oder Risse prüfen. Hülsen müssen in Nadelkörben ohne Widerstand spielfrei laufen. Staubdichtungen auf Beschädigungen untersuchen.
● Sämtliche Staubdichtungen der Schwingenlagerung auf Beschädigung überprüfen. Hülsen und Buchsen dürfen keine Riefen oder Kratzer aufweisen.
● Bei nackt montierter Schwinge und richtiger Montage darf bei seitlichem Hin- und Her-

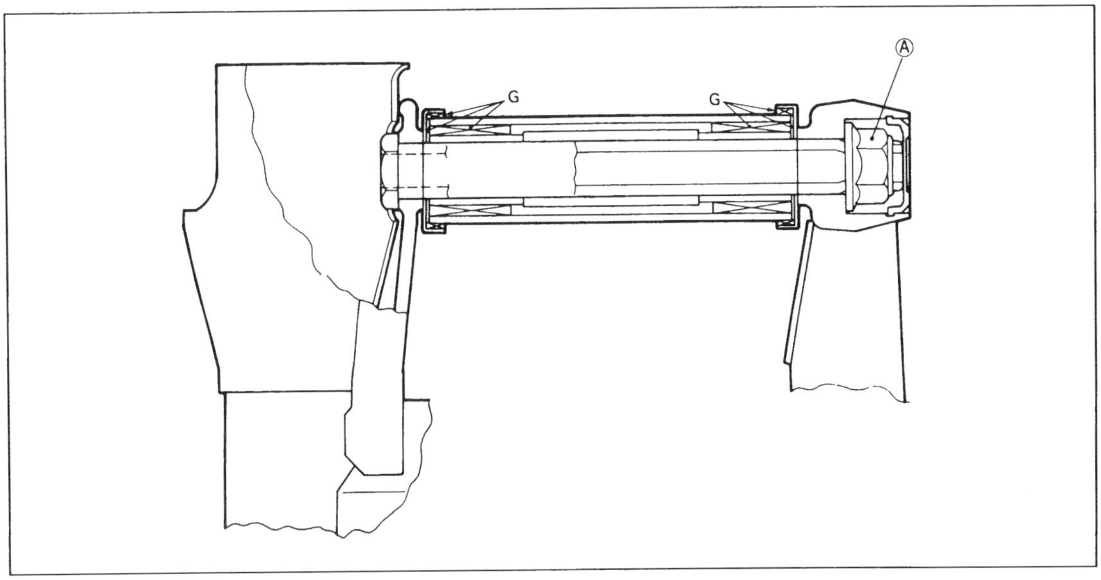

Bild 178
Schwingdrehbolzen-Montage
A 100 – 130 Nm
G Fett auftragen

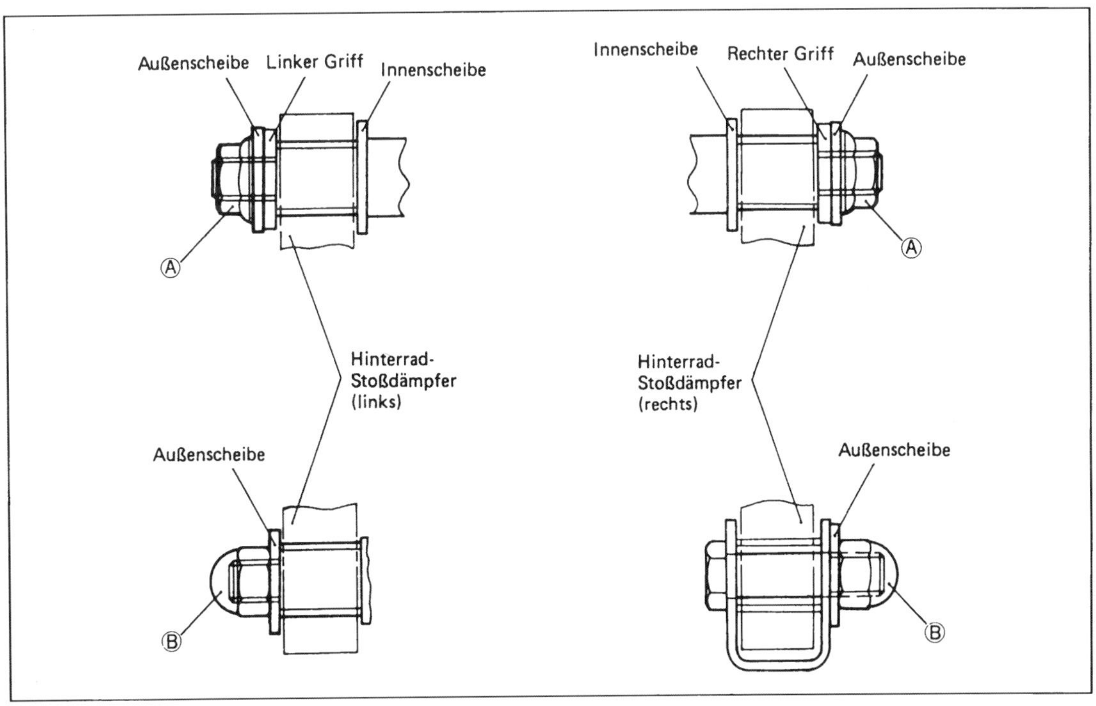

Bild 179
Stossdämpfer-Montage
A und B 22 – 35 Nm

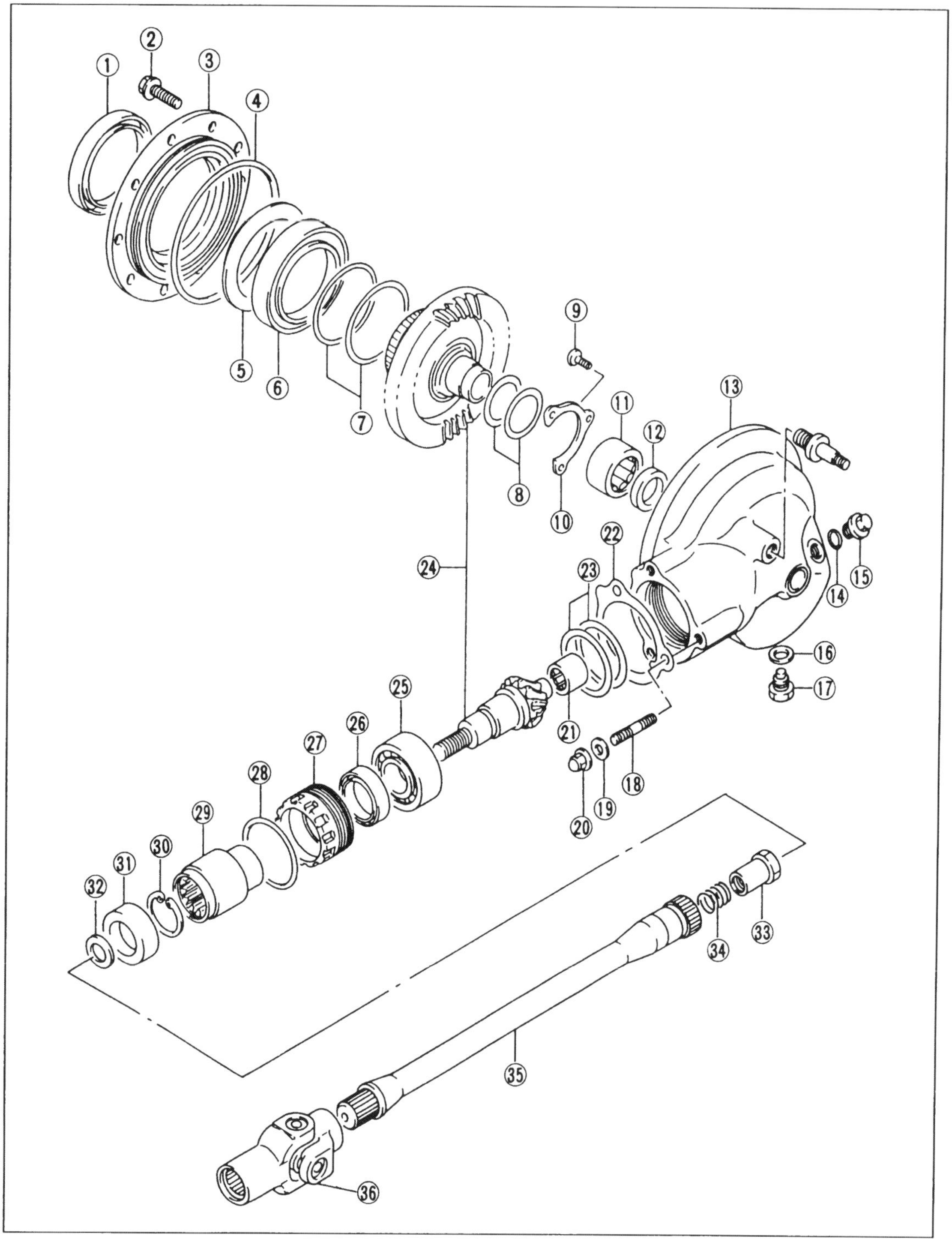

Bild 180
Winkeltrieb
1 Dichtring
2 Schrauben (20 – 26 Nm)
3 Lagerflansch
4 O-Ring
5 Lagerscheibe
6 Lager
7 Distanzscheiben (4 Dicken)
8 Distanzscheiben (8 Dicken)
9 Schrauben (8 – 10 Nm)
10 Lagerhalter
11 Nadellager
12 Dichtring
13 Winkeltriebgehäuse
14 O-Ring
15 Öleinfüllschraube
16 Dichtring
17 Ölablass-Schraube
18 Gewindebolzen
19 Sicherungsscheibe
20 Muttern (35 – 45 Nm)
21 Zwischenlager
22 Lagerhalter-Anschlagscheibe (2 Dicken)
23 Distanzscheiben (5 Dicken)
24 Kegelradsatz
25 Lager
26 Dichtring
27 Lagerhalterbüchse (90 – 120 Nm)
28 O-Ring
29 Endantriebskupplung
30 Sprengring
31 Dichtung
32 Scheibe
33 Mutter (90 – 110 Nm)
34 Feder
35 Antriebswelle
36 Antriebswellen-Kupplung

drücken kein Spiel in Lagerung spürbar sein (Knacken).

● Gegebenenfalls in SUZUKI- oder Fachwerkstatt erneuern lassen.

17.3 Montage

Schwinge

● Nadelbüchsen in Schwinge mit passendem Dorn gefettet einpressen.

●⚠ Lager mit beschrifteter Seite nach aussen weisend eintreiben.

● Staubdichtung (Dichtlippen gefettet) mit passender Nuss eintreiben.

● Schwinge mit Scheiben links und rechts an Rahmen montieren. Schwingachse leicht gefettet von links einführen.

● Schwingachsenmutter rechts anziehen (Bild 178; 100–130 Nm).

● Kardangelenk einsetzen und Winkeltrieb (Bild 180) an Schwinge montieren (Passflächen von

Schwinge und Winkeltriebgehäuse dünn mit flüssiger Dichtmasse bestreichen).

- Drei Befestigungsmuttern des Winkeltriebs anziehen (35–45 Nm).
- Bei Montage der Fahrerfussrasten flüssige Schraubensicherung auf Befestigungsschrauben geben (27–43 Nm).
- Stossdämpfer montieren (Bild 179).
- Radlager hinten wie vorn montieren (Kapitel 17.3).
- Hinterachswelle leicht gefettet einschieben und Mutter C Bild 181 anziehen (60–96 Nm).
- Zusammenbau der Einzelteile von Bremssattel und Geberpumpe ist in Kapitel 16.3, Seite 65 beschrieben.
- Geberpumpe und Pedal am Fussrasten-Ausleger anbringen und Bremsschläuche mit neuen Dichtringen montieren. Anzugsmomente siehe Bild 182.

- Bremsanlage befüllen und entlüften wie auf Seite 18 beschrieben.
- Pedallage- und Bremslicht-Einstellung siehe Seite 20.

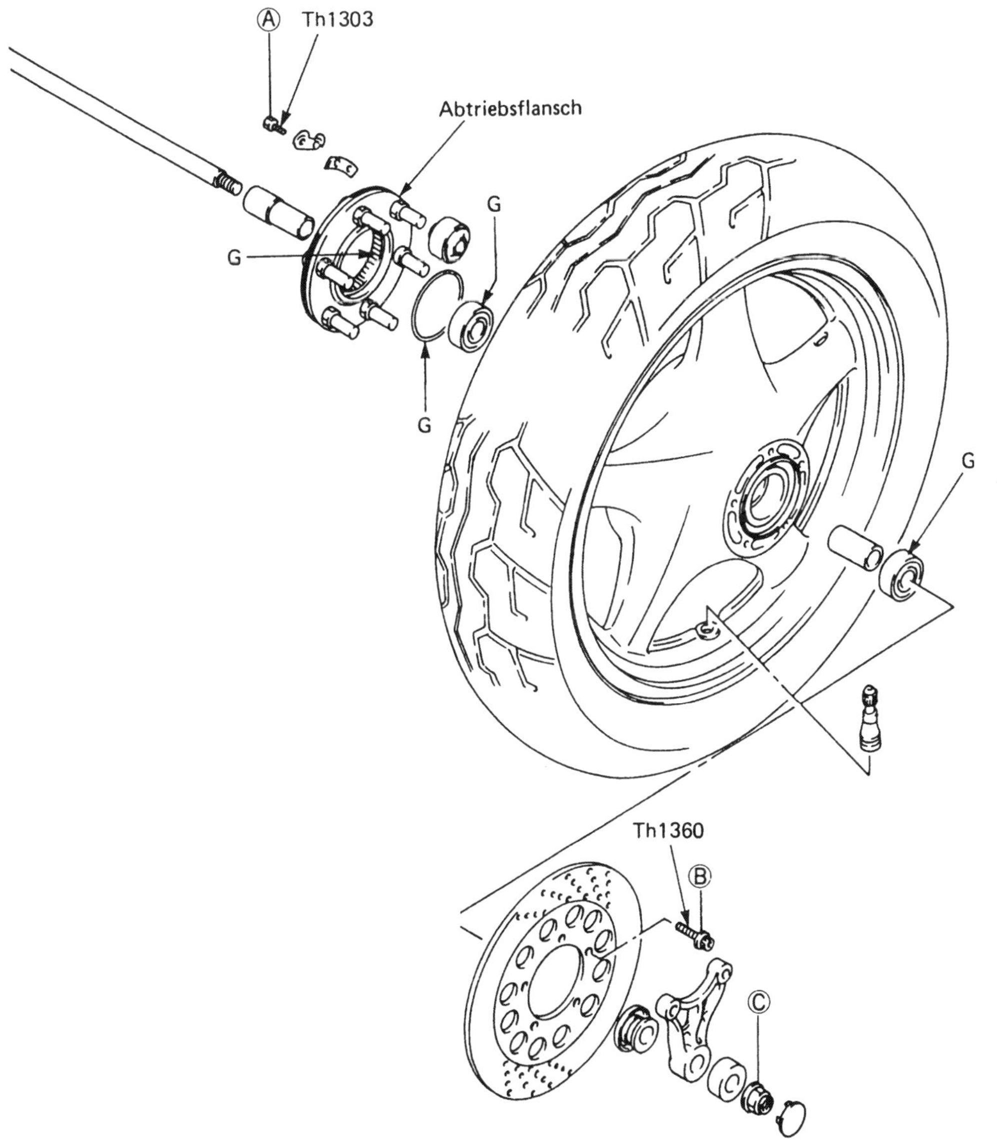

Bild 181
Hinterrad
A 8–12 Nm
B 18–28 Nm
C 60–96 Nm
G Fett auftragen
Th 1303 = hochfeste Schraubensicherung auftragen
Th 1360 = Schraubensicherung auftragen

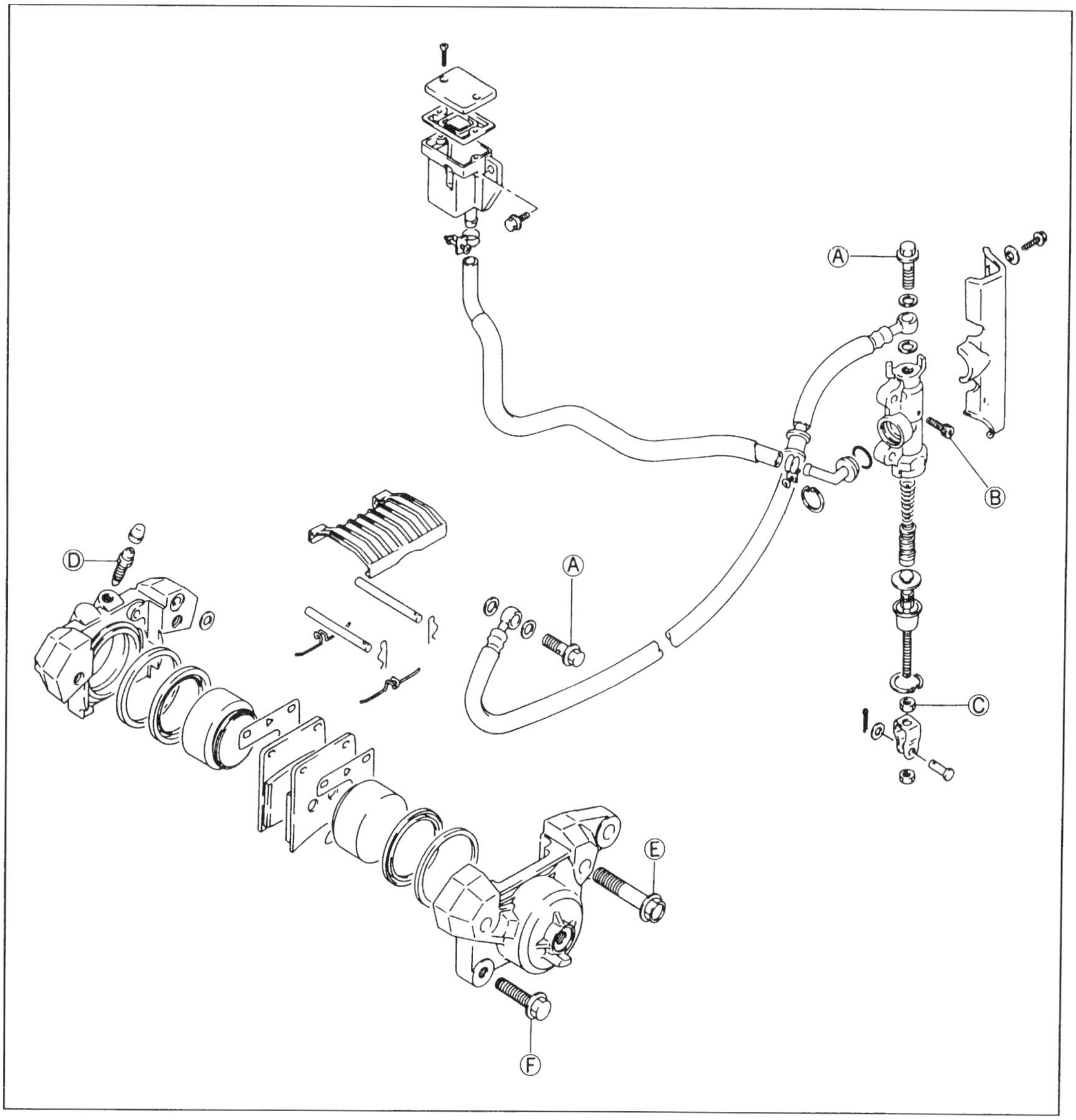

Bild 182
Hinterrad-Stopper
A 15–20 Nm
B 5–8 Nm
C 15–20 Nm
D 6–9 Nm
E 30–36 Nm
F 20–31 Nm

18 Kabel und Züge

Für die dauerhafte Funktion der Bowdenzüge und Elektrokabel ist die richtige Verlegung die wichtigste Grundvoraussetzung. Geknickte Züge scheuern durch und brechen, verklemmte Kabel können Kurzschlüsse verursachen. Die folgenden Übersichtszeichnungen helfen, Kabel und Züge exakt zu verlegen.

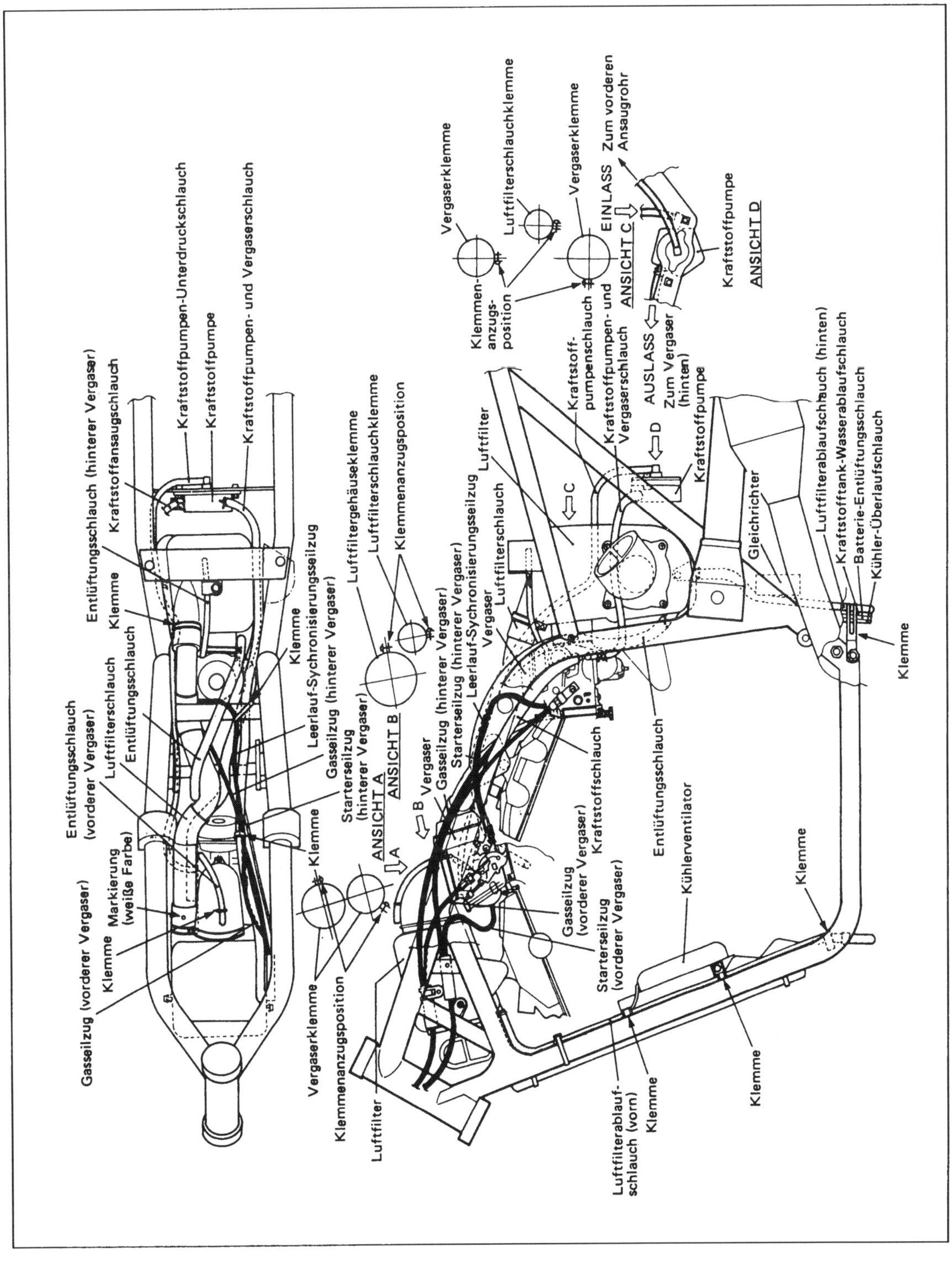

Bild 183
Kabel- und Schlauchführung

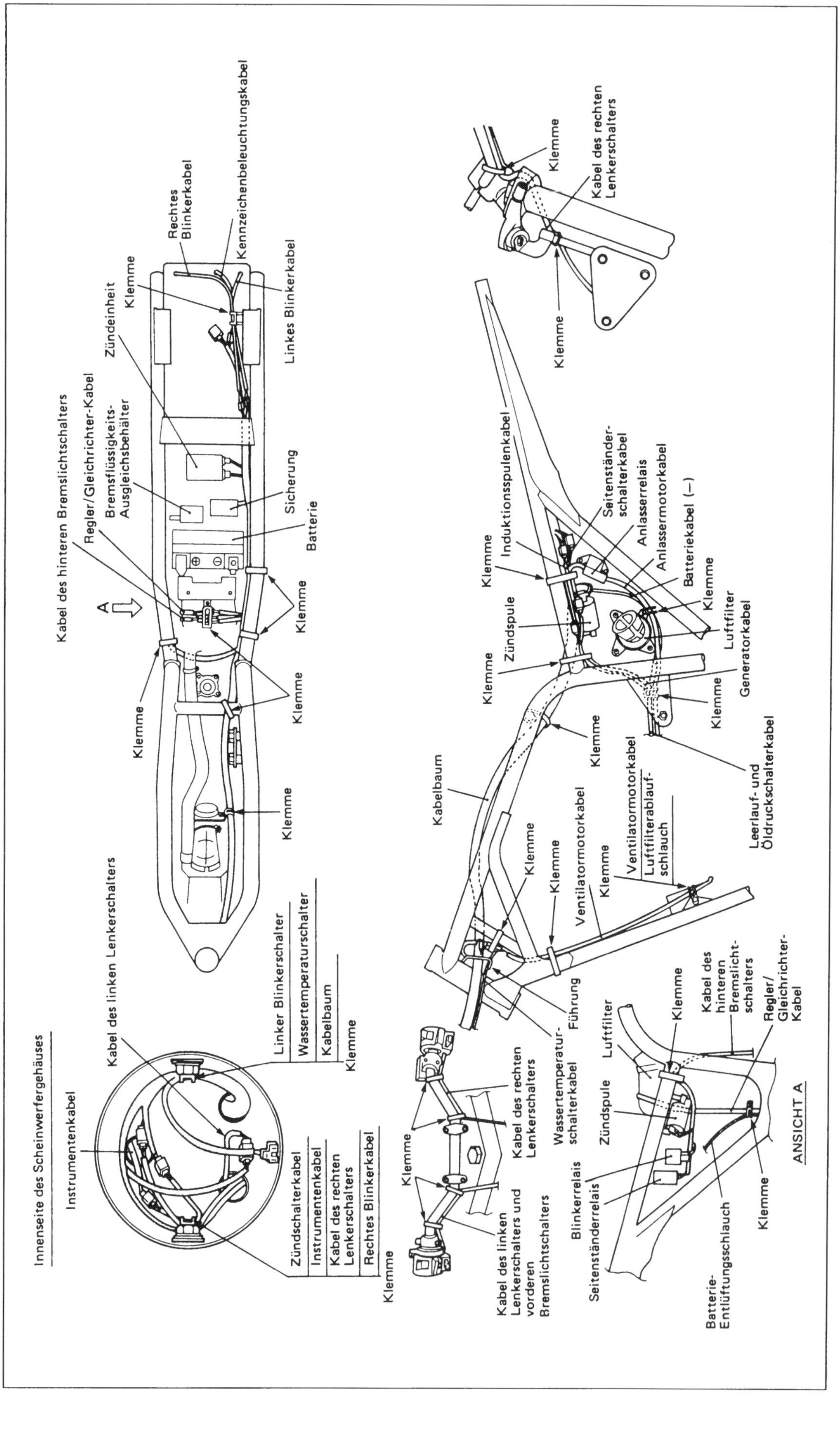

Bild 184
Kabelführung

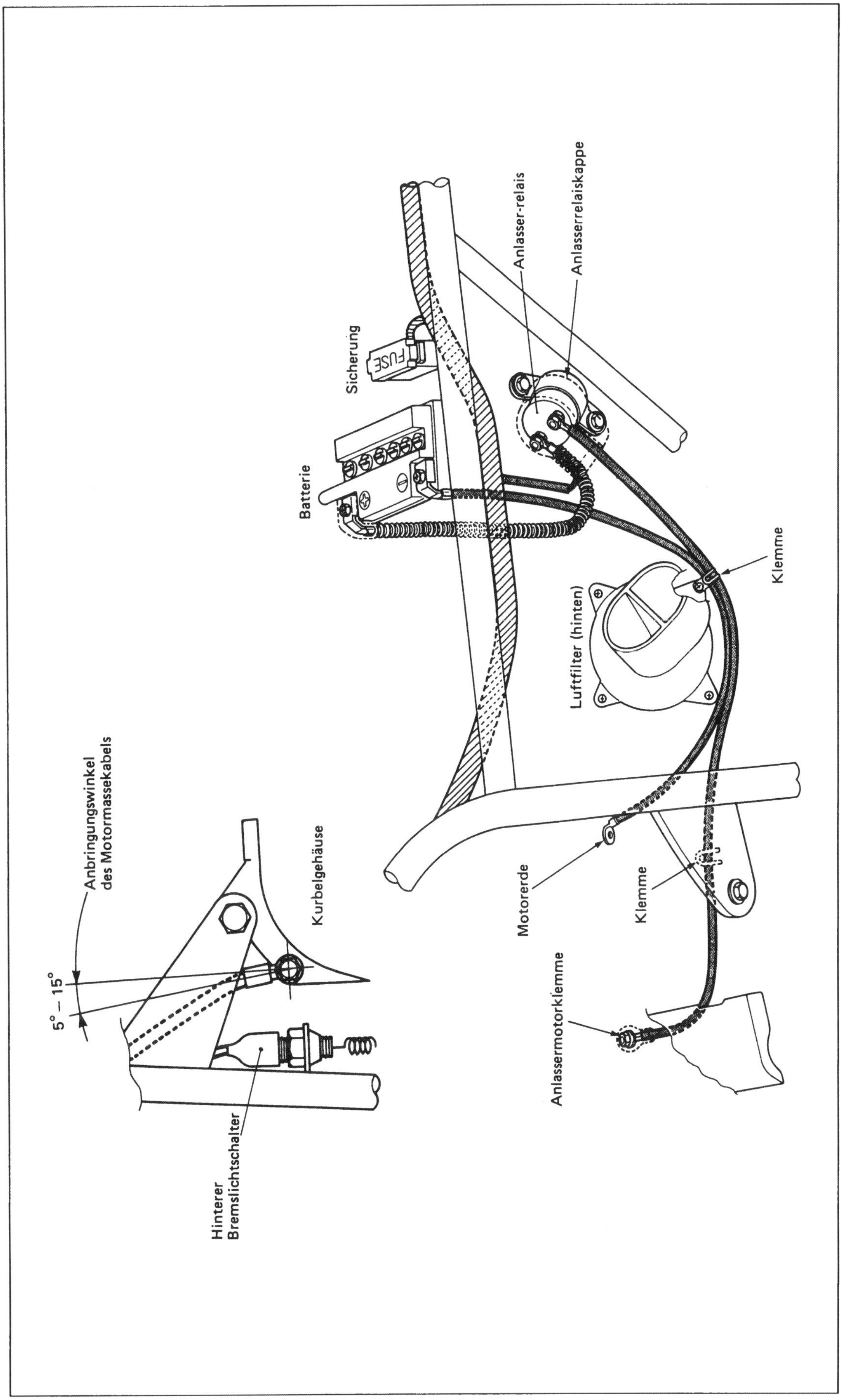

Bild 185
Kabelführung

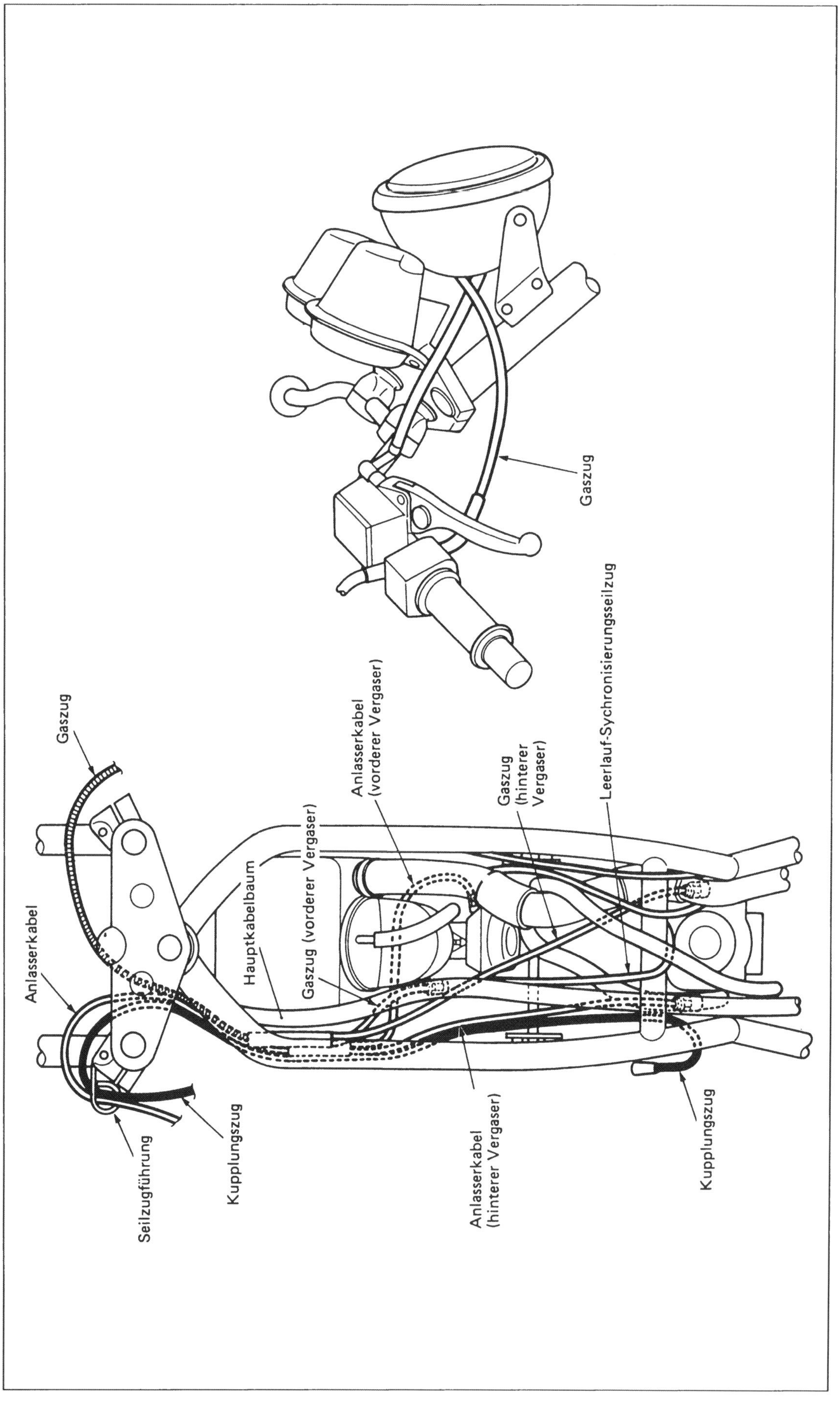

Bild 186
Kabelführung

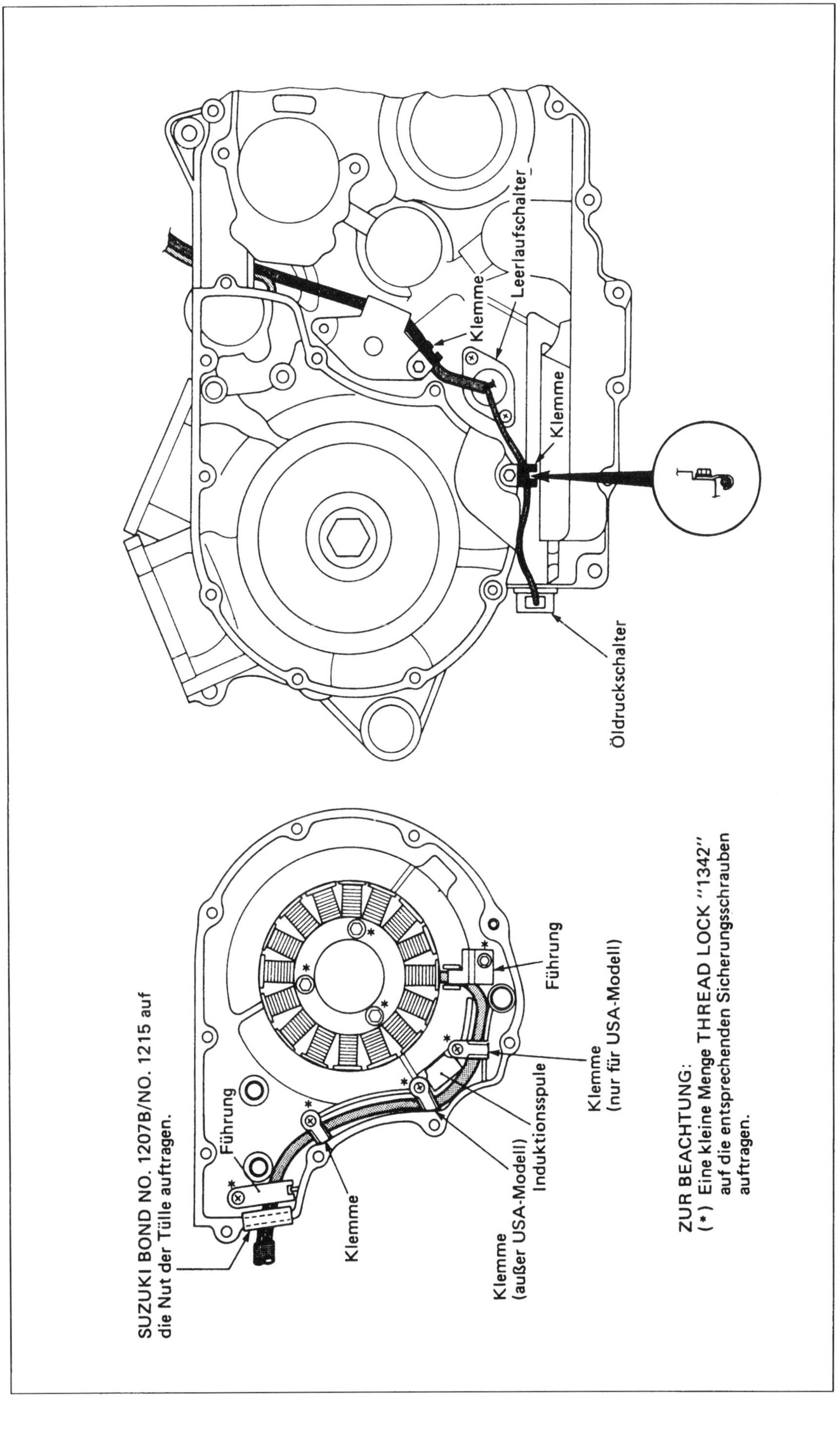

Bild 187
Generator-, Leerlaufschalter- und Öldruckschalterkabel

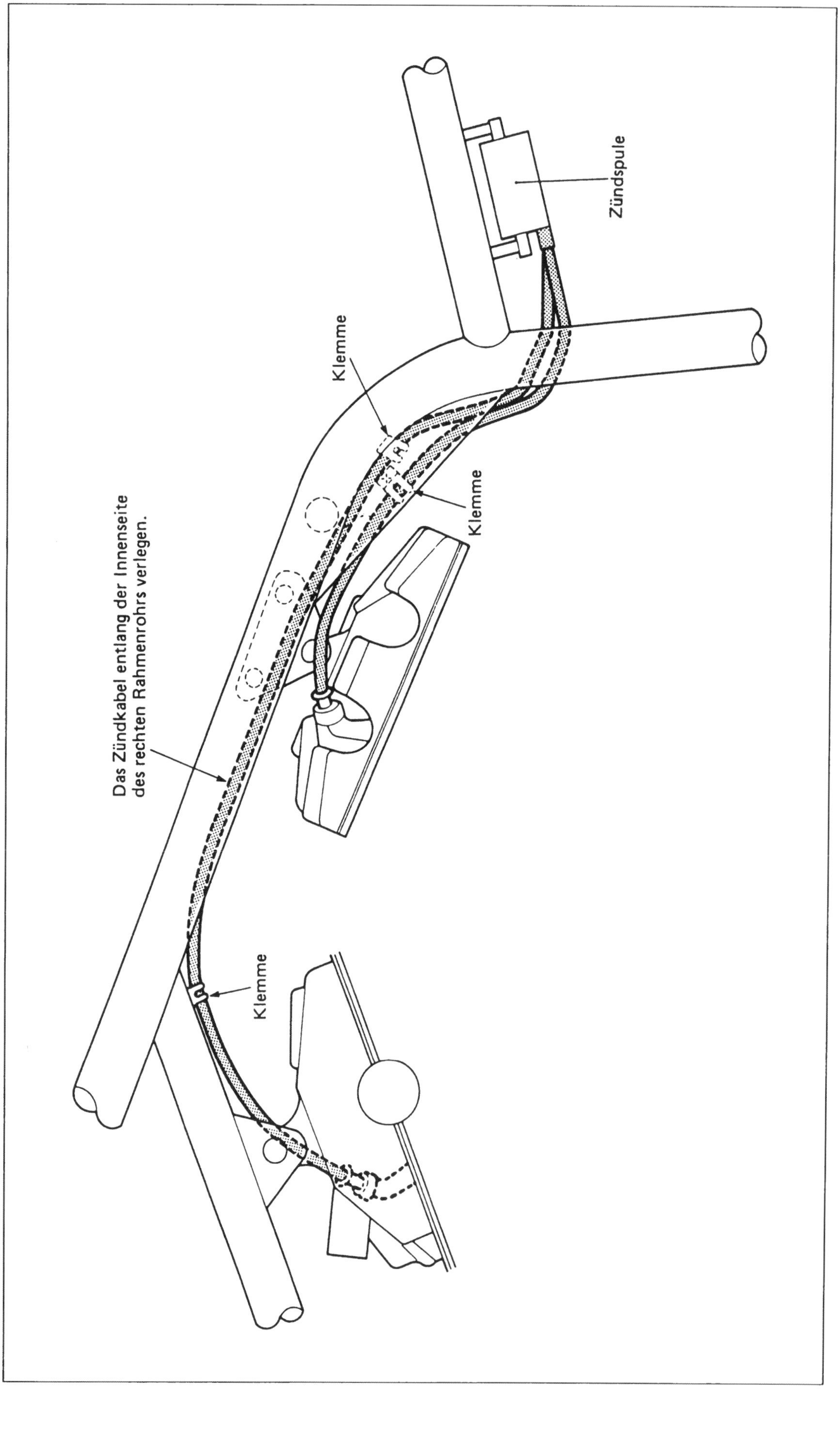

Bild 188
Zündkabelführung

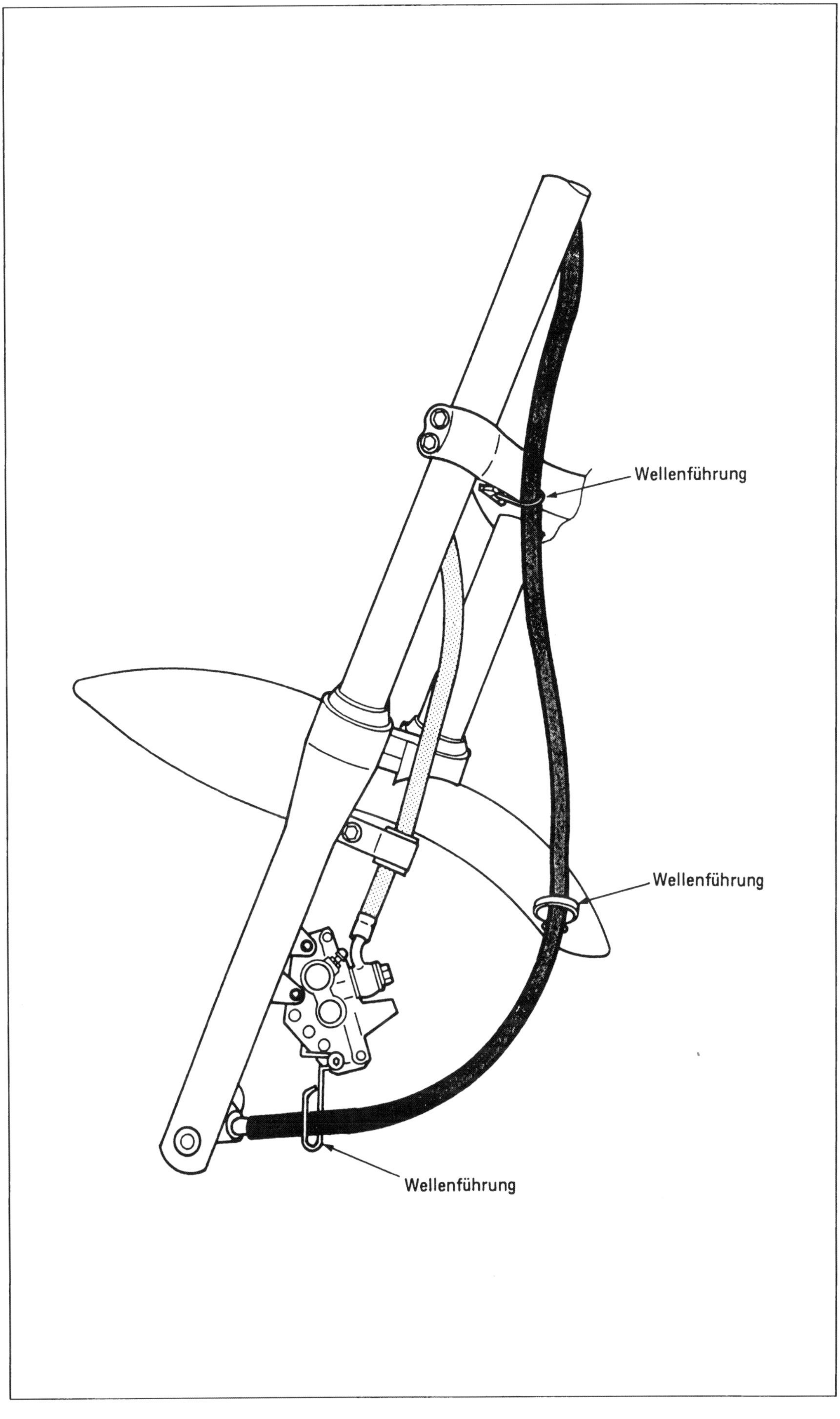

Bild 189
Tachowellenführung

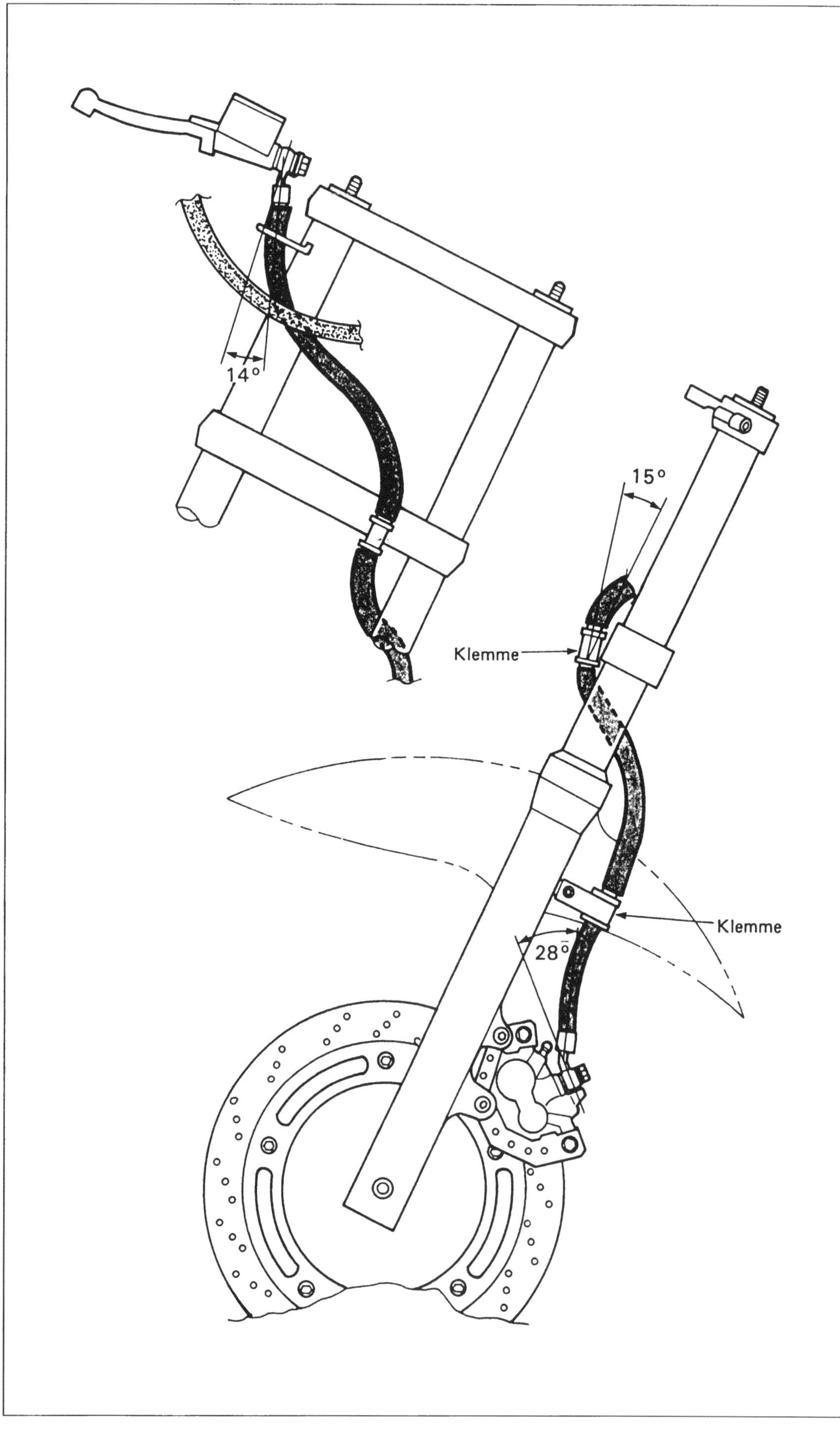

Bild 190
Vorderrad-
Bremsschlauchführung

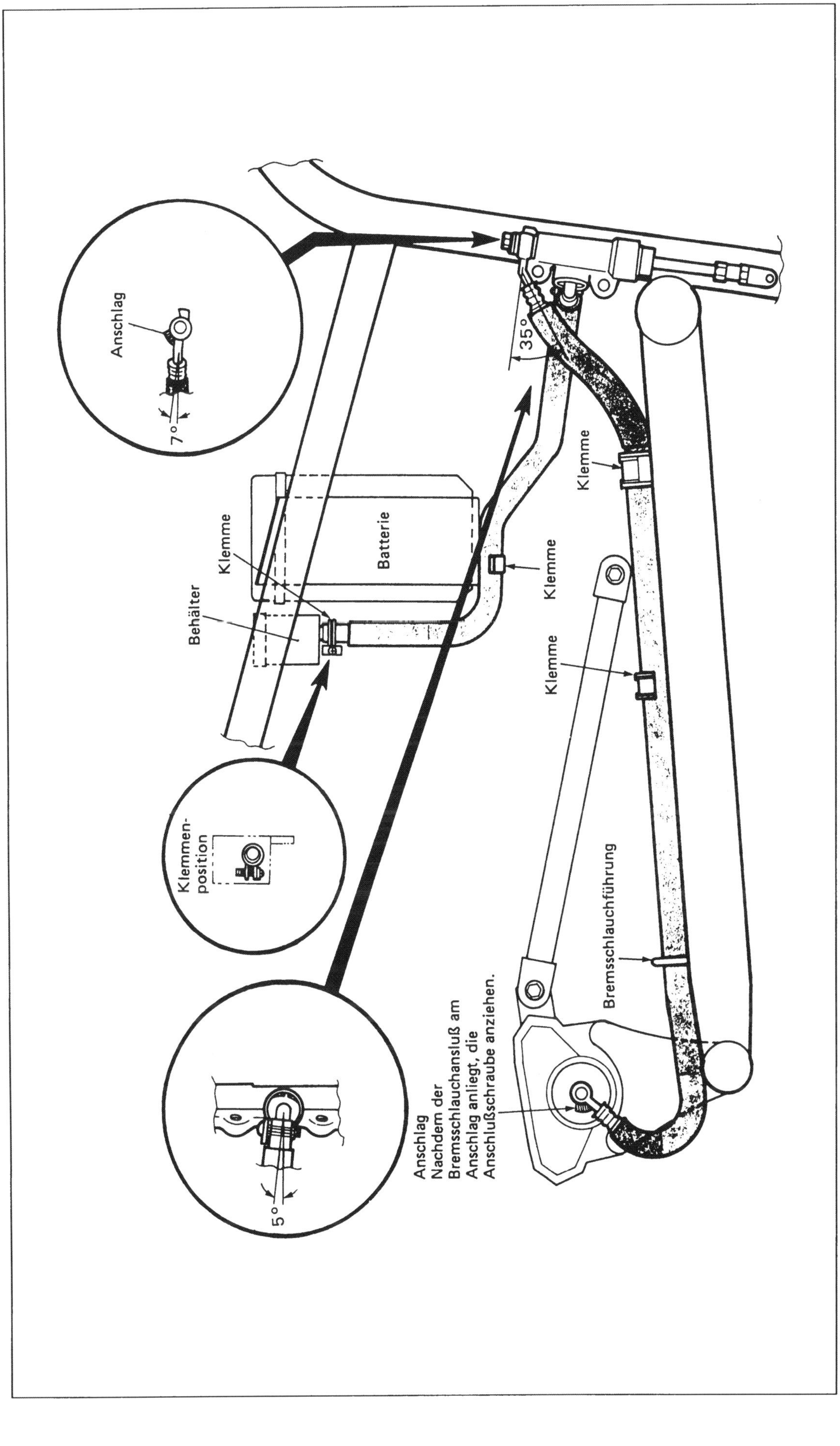

Bild 191
Hinterrad-
Bremsschlauchführung

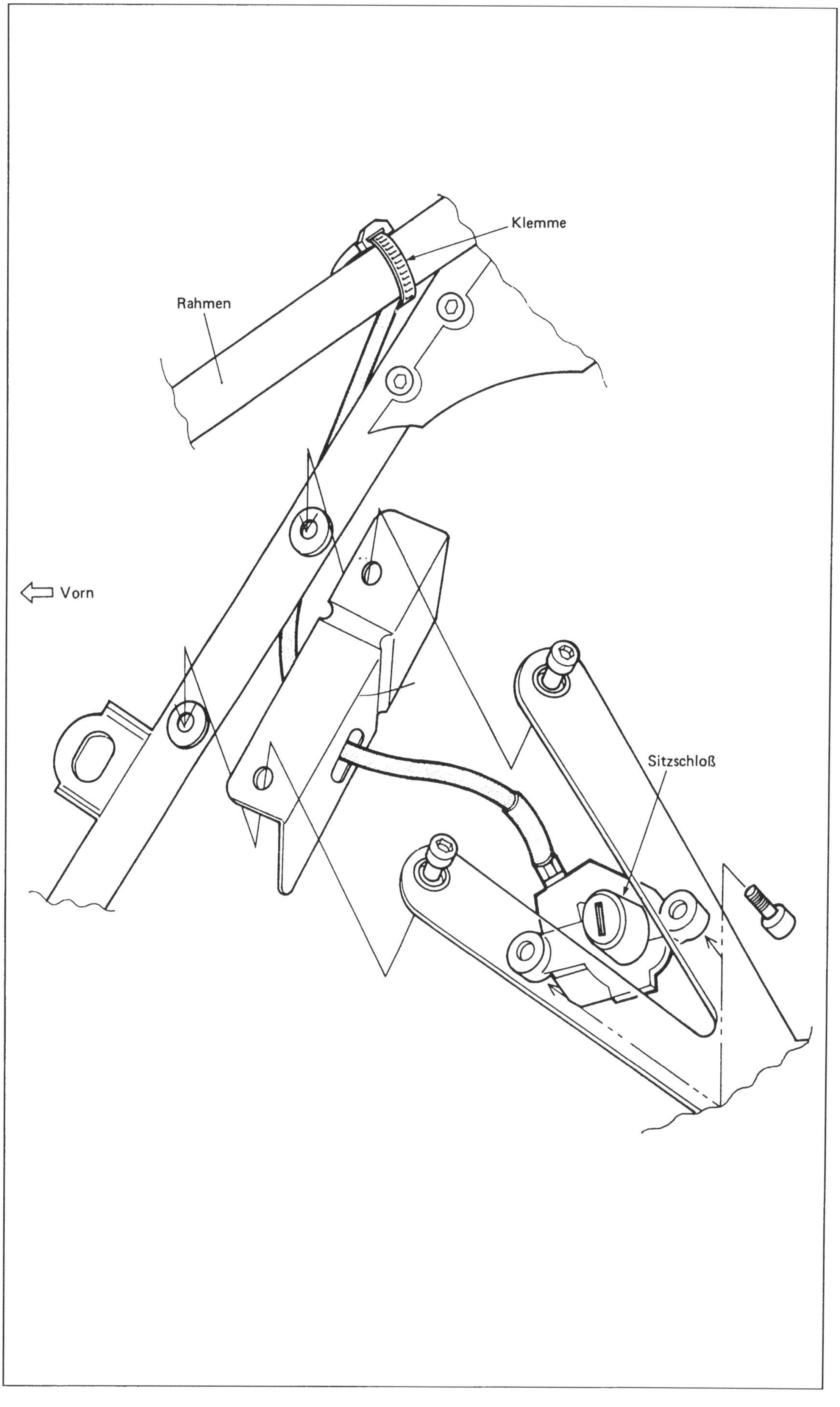

Bild 192
Verlegung des
Sitzschlosszugs

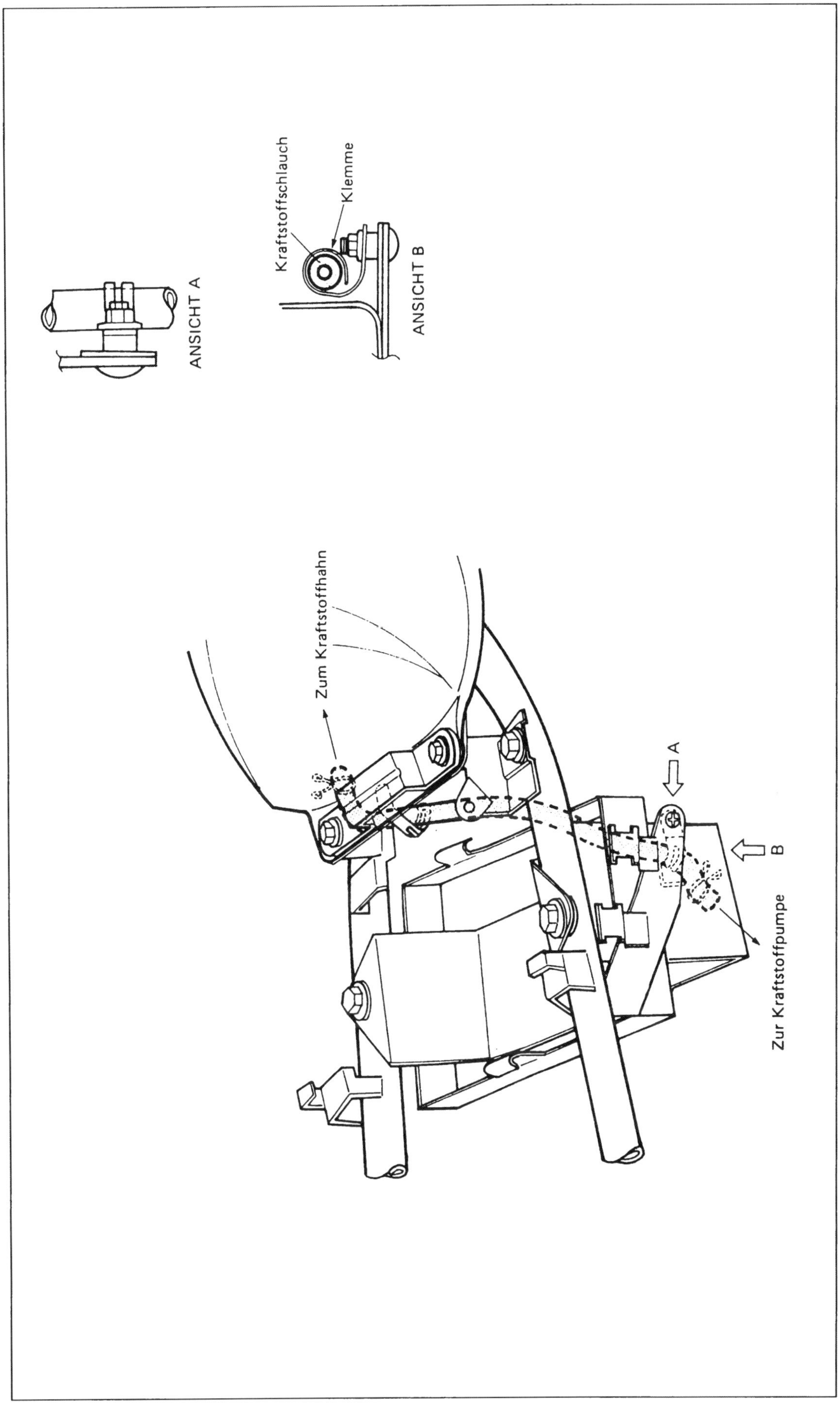

Bild 193
Kraftstoffschlauchführung

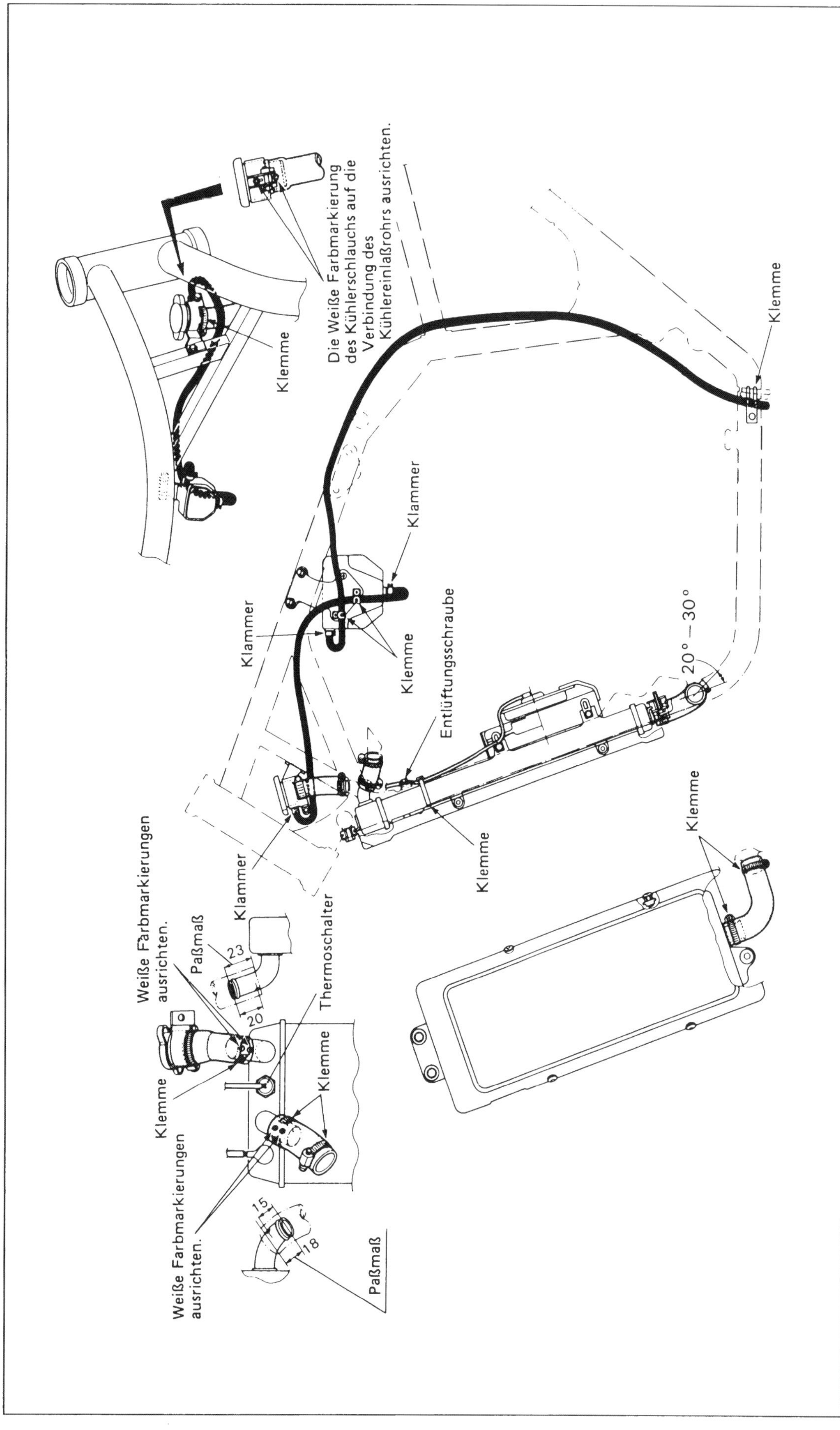

Bild 194
Kühlschlauchführung

19 Technische Daten

MASS- und EINSTELL-DATEN

Abmessungen und Leergewicht

Gesamtlänge:	
– Deutschland und Österreich	2280 mm
– Schweiz	2355 mm
Gesamtbreite	805 mm
Gesamthöhe	1085 mm
Radstand	1555 mm
Bodenfreiheit	145 mm
Sitzhöhe	795 mm
Leergewicht	213 kg

Motor

Typ	Wassergekühlter Viertaktmotor mit obenliegender Nockenwelle (OHC), 45° V-Doppelzylinder
Ventilspiel	0,08 – 0,13 mm
Zylinderzahl	2
Bohrung	83 mm
Hub	74,4 mm
Hubraum	805 cm^3
Verdichtungsverhältnis	10:1
Vergaser vorn	Mikuni BDS 36 SS, einfach
Vergaser hinten	Mikuni BS 36 SS, einfach
Luftfilter	Polyesterfaserelement
Startersystem	Elektrischer Starter
Schmiersystem	Nassumpf

Getriebe

Kupplung	Mehrscheiben-Ölbadkupplung
Getriebe	5-Gang-Synchrongetriebe
Schaltweise	1 nach unten, 4 nach oben
Primäruntersetzung	1,690 (71/42)
Gangabstufungen:	
– 1. Gang	2,285 (32/14)
– 2. Gang	1,631 (31/19)
– 3. Gang	1,227 (27/22)
– 4. Gang	1,000 (25/25)
– 5. Gang	0,851 (23/27)
Sekundäruntersetzung	1,096 (17/15×30/31)

Enduntersetzung	3,090 (34/11)
Antriebssystem	Wellenantrieb

MASS- und EINSTELL-DATEN

Fahrgestell

Vorderradaufhängung	Ölgedämpfte Teleskopgabel mit Spiralfeder
Hinterradaufhängung	Schwinge, Schraubenfeder, gas-/ölgedämpft, Federvorspannung 5fach verstellbar Einfedergungsdämpfung 4fach und Ausfederungsdämpfung 4fach verstellbar
Vorderradfederungshub	150 mm
Hinterradfederung	119 mm
Vorlauf	59°
Nachlauf	142 mm
Lenkwinkel	35° (rechts und links)
Wenderadius	3,2 m
Vorderbremse	Scheibe
Hinterbremse	Scheibe
Vorderreifengrösse	110/80-18 58 H, schlauchlos
Hinterreifengrösse	150/70 B 17 69 H, schlauchlos

Elektrische Anlage

Zündung	Volltransistorisiert
Zündzeitpunkt – Schweiz	OT unter 1625 U/min und 30° vor OT bei über 3500 U/min
– Deutschland und Österreich	5° vor OT bei unter 1625 U/min und 32° vor OT bei über 3750 U/min
Zündkerze	NGK DPR8EA-9 oder Nippon Denso X24EPR-U9
Batterie	12 V 57,6 kC (16 Ah)/10 Std.
Sicherung	25/10/10/10 A
Scheinwerfer	12 V 60 / 55 W
Standlicht	12 V 4 W
Blinklicht	12 V 21 W
Brems-/Schlusslicht	12 V 5/21 W
Kennzeichenlicht	12 V 5 W
Leerlaufanzeigeleuchte	12 V 3,4 W
Fernlichtanzeigeleuchte	12 V 1,7 W
Blinkeranzeigeleuchte	12 V 3,4 W
Öldruckanzeigeleuchte	12 V 3,4 W
Kühlmitteltemperatur-Kontrolleuchte	12 V 3 W

Ventile und Führung

Ventildurchmesser:		Verschleissgrenze
– Ein	30 mm	
– Aus	26 mm	
Ventilhub:		
– Ein	8,5 mm	

– Aus	8,5 mm	
Ventilspiel (wenn kalt):		
– Ein und Aus	0,08 – 0,13 mm	
Spiel Ventilführung/Ventilschaft:		
– Ein	0,020 – 0,047 mm	0,35 mm
– Aus	0,035 – 0,062 mm	0,35 mm
Ventilführung Innendurchmesser:		
– Ein und Aus	5,500 – 5,512 mm	
Ventilführung Aussendurchmesser:		
– Ein	5,465 – 5,480 mm	
– Aus	5,450 – 5,465 mm	
Ventilschaftunrundheit:		
– Ein und Aus		0,05 mm
Ventilkopfdicke:		
– Ein und Aus		0,5 mm
Ventilschaftendlänge:		
– Ein und Aus		4,0 mm
Ventilsitzbreite:		
– Ein und Aus	0,9 – 1,1 mm	
Ventilkopfradialunrundheit:		
– Ein und Aus		0,03 mm
Ungespannte Federlänge:		
– Innen		38,3 mm
– Aussen		40,1 mm
Ventilfederspannung:		
– Innen (bei 32,5 mm Länge)	6,51 – 7,49 kg	
– Aussen (bei 36 mm Länge)	12,09 – 13,91 kg	

Nockenwelle und Zylinderkopf

Nockenhöhe:		
– Ein	35,954 – 35,994 mm	35,660 mm
– Aus	36,919 – 36,959 mm	36,620 mm
Nockenwellenlagerzapfenölabstand	0,032 – 0,066 mm	0,150 mm
Nockenwellenlagerzapfenträger Innendurchmesser:		
– Nr. 1 Linke Seite / Nr. 2. Rechte Seite	20,012 – 20,025	
– Nr. 1 Rechte Seite / Nr. 2. Linke Seite	25,012 – 25,025	
Nockenwellenlagerzapfen Aussendurchmesser:		
– Nr. 1 Linke Seite / Nr. 2. Rechte Seite	19,959 – 19,980	
– Nr. 1 Rechte Seite / Nr. 2. Linke Seite	24,959 – 24,980	
Nockenwellenunrundheit		0,10 mm
Nockenwellenkettenlänge über 20 Glieder		128,9 mm
Kipphebel Innendurchmesser:		
– Ein und Aus	12,000 – 12,018 mm	
Kipphebelwellen Aussendurchmeser:		
– Ein und Aus	11,966 – 11,984	
Zylinderkopfverzug		0,05 mm
Zylinderkopfdeckelverzug		0,05 mm

Zylinder, Kolben und Kolbenring

Kompressionsdruck	13 – 16 atü	11 atü
Kompressionsdruckdifferenz		2 atü

MASS- und EINSTELL-DATEN

Spiel zwischen Kolben und Zylinder	0,045 – 0,055 mm	0,120 mm
Zylinderbohrung	83,000 – 83,015 mm	83,085 mm
Kolbendurchmesser:		
– 15 mm vom Mantelrand messen	82,950 – 82,965 mm	82,880 mm
Zylinderverzug		0,05 mm
Freie Kolbenringstossfuge:		
– 1. Ring – R	ca. 10,5 mm	8,4 mm
– 2. Ring – R	ca. 11,8 mm	9,4 mm
Kolbenringstossfuge:		
– 1. Ring	0,20 – 0,35 mm	0,70 mm
– 2. Ring	0,20 – 0,35 mm	0,70 mm
Kolbenringnutenspiel:		
– 1. Ring		0,180 mm
– 2. Ring		0,150 mm
Kolbenringnutbreite:		
– 1. Ring	1,01 – 1,03 mm	
– 2. Ring	1,21 – 1,23 mm	
– Öl	2,51 – 2,53 mm	
Kolbenringdicke:		
– 1. Ring	0,970 – 0,990 mm	
– 2. Ring	1,170 – 1,190 mm	
Kolbenbolzenbohrung	20,002 – 20,008 mm	20,030 mm
Kolbenbolzen Aussendurchmesser	19,996 – 20,000 mm	19,980 mm

Pleuelstange und Kurbelwelle

Pleuelstangenkopf Innendurchmesser	20,010 – 20,018 mm	20,040 mm
Pleuelstangenfuss-Seitenspiel	0,10 – 0,20 mm	0,30 mm
Pleuelstangenfussbreite	21,95 – 22,00 mm	
Kurbelzapfenbreite	22,10 – 22,15 mm	
Pleuelstangenfuss-Ölabstand	0,024 – 0,042 mm	0,080 mm
Kurbelwellenzapfen Aussendurchmesser	40,982 – 41,000 mm	
Kurbelwellenlagerzapfen-Ölabstand	0,020 – 0,050 mm	0,080 mm
Kurbelwellenlagerzapfen Aussendurchmesser	47,965 – 47,980 mm	
Kurbelwellenaxiallagerdicke	1,925 – 2,175 mm	
Kurbelwellenaxialspiel	0,05 – 0,10 mm	
Kurbelwellenunrundheit		0,05 mm

Ölpumpe

Ölpumpenuntersetzung	1,859 (71/42×32/29)
Öldruck (bei 60°C)	Über 3,5 atü
	Unter 6,5 atü bei 3000 U/min

Kupplung

Kupplungsseilzugspiel	4 mm	
Kupplungsausrückschraube	¼ bis ½ Drehung zurück	
Antriebsscheibendicke:		
– Nr. 1	2,65 – 2,95 mm	2,35 mm

– Nr. 2	3,45 – 3,55 mm	3,15 mm
Antriebsscheibenklauenbreite	15,8 – 16,0 mm	15,0 mm
Abtriebsscheibendicke	1,60 ± 0,05 mm	
Abtriebsscheibenverzug		0,10 mm
Ungespannte Kupplungsfederlänge:		
– Nr. 1		24,6 mm
– Nr. 2		23,3 mm

Getriebe

Primäruntersetzung	1,690 (71/42)	
Sekundäruntersetzung	1,096 (30/31×17/15)	
Enduntersetzung	3,090 (34/11)	
Gangabstufung:		
– 1. Gang	2,285 (32/14) mm	
– 2. Gang	1,631 (31/19) mm	
– 3. Gang	1,227 (27/22) mm	
– 4. Gang	1,000 (25/25) mm	
– 5. Gang	0,851 (23/27) mm	
Spiel zwischen Schaltgabel und Laufrille:		
– Nr. 1	0,10 – 0,30 mm	0,50 mm
– Nr. 2	0,10 – 0,30 mm	0,50 mm
Schaltgabel-Laufrillenbreite:		
– Nr. 1	5,50 – 5,60 mm	
– Nr. 2	4,50 – 4,60 mm	
Schaltgabeldicke:		
– Nr. 1	5,30 – 5,40 mm	
– Nr. 2	4,30 – 4,40 mm	

Wellenantrieb

Sekundärgetriebe-Kegelradflankenspiel	0,05 – 0,32 mm
Endgetriebe-Kegelradflankenspiel:	
– Antriebsseite	0,03 – 0,064 mm

Vergaser

	Schweiz	
Vergasertyp	Mikuni BS36SS (Nr. 1)	Mikuni BDS36SS (Nr. 2)
Bohrung	36 mm	36 mm
Kenn-Nummer	45C30	45C30
Leerlaufdrehzahl	$1200 \pm^{100}_{50}$ U/min	$1200 \pm^{100}_{50}$ U/min
Schwimmerhöhe	27,7 ± 1,0 mm	9,1 ± 1,0 mm
Hauptdüse	# 135	# 125
Hauptluftdüse	1,8 mm	1,8 mm
Düsennadel	5F107-3	5D48-3
Nadeldüse	P-4	P-2
Drosselventil	# 115	# 115
Vordüse	# 45	# 40
Umgehung	0,8 mm × 2 Stück	0,8 mm × 3 Stück
Gemischauslass	0,8 mm	1,0 mm

Ventilsitz	1,5 mm	1,5 mm
Startdüse	# 25	# 22,5
Gemischregulierschraube:		
– Voreinstellung	2 Umdrehungen heraus	1¼ Umdrehungen heraus
Vorluftdüse:		
– Nr. 1	# 55 mm	# 65 mm
– Nr. 2	1,85 mm	1,2 mm
Drosselklappe	0,5 – 1,0 mm	0,5 – 1,0 mm
Chokeseilzugspiel	0,5 – 1,0 mm	0,5 – 1,0 mm

MASS- und EINSTELL-DATEN

	Deutschland und Österreich	
Vergasertyp	Mikuni BS36SS (Nr. 1)	Mikuni BDS36SS (Nr. 2)
Bohrung	36 mm	36 mm
Kenn-Nummer	45C50	45C50
Leerlaufdrehzahl	1100 ± 100 U/min	1100 ± 100 U/min
Schwimmerhöhe	27,7 ± 1,0 mm	9,1 ± 1,0 mm
Hauptdüse	# 132,5	# 120
Hauptluftdüse	1,8 mm	1,8 mm
Düsennadel	5F108-3	5D49-3
Nadeldüse	P-4	P-4
Drosselventil	# 115	# 115
Vordüse	# 47,5	# 40
Umgehung	0,8 mm × 2 Stück	0,8 mm × 3 Stück
Gemischauslass	0,8 mm	1,0 mm
Ventilsitz	1,5 mm	1,5 mm
Startdüse	# 25	# 22,5
Gemischregulierschraube:		
– Voreinstellung	1⅛ Umdrehungen heraus	1 Umdrehung heraus
Vorluftdüse:		
– Nr. 1	# 70 mm	# 65 mm
– Nr. 2	2,0 mm	1,2 mm
Drosselklappe	0,5 – 1,0 mm	0,5 – 1,0 mm
Chokeseilzugspiel	0,5 – 1,0 mm	0,5 – 1,0 mm

	50-PS-Ausführung	
Vergasertyp	Mikuni BS 36 SS (Nr. 1)	Mikuni BDS 36 SS (Nr. 2)
Bohrung	36 mm	36 mm
Kenn-Nummer	45C60	45C60
Leerlaufdrehzahl	1100 ± 100 U/min	1100 ± 100 U/min
Schwimmerhöhe	27,7 ± 1,0 mm	9,1 ± 1,0 mm
Hauptdüse	# 135	# 122,5
Hauptluftdüse	1,8 mm	1,8 mm
Düsennadel	5F108-3	5D49-3
Nadeldüse	P-4	P-6
Drosselventil	# 115	# 115
Vordüse	# 47,5	# 40
Umgehung	0,8 mm × 2 Stück	0,8 mm × 3 Stück
Gemischauslass	0,8 mm	1,0 mm
Ventilsitz	1,5 mm	1,5 mm
Startdüse	# 25	# 22,5
Gemischregulierschraube:		
– Voreinstellung	1⅛ Umdrehungen heraus	1 1/16 Umdrehungen heraus
Vorluftdüse:		
– Nr. 1	# 70 mm	# 65 mm
– Nr. 2	2,0 mm	1,2 mm
Drosselklappe	0,5 – 1,0 mm	0,5 – 1,0 mm
Chokeseilzugspiel	0,5 – 1,0 mm	0,5 – 1,0 mm

Elektrische Anlage

Zündzeitpunkt:	
– E-18 Modell	OT unter 1625 U/min und 30° vor OT über 3500 U/min
– USA-Modell	5° vor OT unter 1625 U/min und 30° vor OT über 3500 U/min
– Andere Modelle	5° vor OT unter 1625 U/min und 32° vor OT über 3750 U/min
Zündfolge	1 – 2
Zündkerzen:	
– Typ	ND: DPR8EA-9 NGK: X24EPR-9
– Elektrodenabstand	0,8 – 0,9 mm
Zündleistung	Über 8 mm bei 1 atü
Signalspulenwiderstand:	
– USA-Modell	ca. 117 Ω
– Andere Modelle	ca. 230 Ω
Zündspulenwiderstand – Primär:	
– +-Klemme – --Klemme	2 – 6 Ω
Zündspulenwiderstand – Sekundär:	
– Kerzenstecker ±-Klemme	19 – 37 kΩ
Lastfreie Generatorspannung	Mehr als 65 V (AC) bei 5000 U/min
bei kaltem Motor	Mehr als 75 V (AC) bei 5000 U/min
Regelspannung	13,5 – 15,5 V bei 5000 U/min
Startmotorbürstenlänge	Grenzwert: 9
Kommutatorunterschnitt	Grenzwert: 0,2
Startrelaiswiderstand	2 – 6 Ω
Batterie:	
– Typenbezeichnung	YB16 B-A
– Kapazität	12 V 57,6 kC (16 Ah) 10 Stunden
– Normales S. G. des Elektrolyts	1,28 bei 20° C
Sicherungsbelastbarkeit:	
– Scheinwerfer	10 A
– Zündung/Ventilator	10 A
– Signal	10 A
– Hauptsicherung	25 A

Wattleistung

Scheinwerfer:	
– Fernlicht	60 W
– Abblendlicht	55 W
Rück-/Bremslicht	5/21 W
Blinklicht	21 W
Drehzahlmesserbeleuchtung	3,4 W
Tachometerlampe	1,7 W × 2 Stück
Wassertemperatur-Anzeigelampe	3 W
Blinkeranzeigelampe	3,4 W
Fernlichtanzeigelampe	1,7 W
Neutralanzeigelampe	3,4 W
Öldruckanzeigelicht	3,4 W
Nummernschildbeleuchtung	5 W
Positionsleuchte	4 W

MASS- und EINSTELL-DATEN

Bremsen und Räder

		Verschleissgrenze
Hinterbremspedalhöhe	35 mm	
Bremsscheibendicke:		
– Vorne	5,5±0,2 mm	5,0 mm
– Hinten	6,0±0,2 mm	5,5 mm
Seitlicher Bremsscheibenausschlag:		
– Vorne und hinten		0,30 mm
Hauptzylinderbohrung:		
– Vorne und hinten	12,700 – 12,743 mm	
Hauptzylinderkolben-Durchmesser:		
– Vorne und hinten	12,657 – 12,684 mm	
Bremsbackenzylinderbohrung:		
– Vorne	33,960 – 34,036 mm 27,000 – 27,076 mm	
– Hinten	42,850 – 42,926 mm	
Bremsbackenkolben-Durchmesser:		
– Vorne	33,884 – 33,934 mm 26,920 – 26,970 mm	
– Hinten	42,770 – 42,820 mm	
Radfelgenausschlag:		
– Axial		2,0 mm
– Radial		2,0 mm
Radachsenschlag:		
– Vorne		0,25 mm
– Hinten		0,25 mm
Reifengrösse:		
– Vorne	110/80-18 58 H	
– Hinten	150/70-B17 69 H	
Reifenprofiltiefe:		
– Vorne		1,6 mm
– Hinten		2,0 mm

Radaufhängung

Vordergabelhub	150 mm	
Ungespannte Länge der Vordergabelfeder		348 mm
Vordergabelölpegel	138 mm	
Hinterradfederweg	119 mm	
Schwingendrehbolzenschlag		0,30 mm

Reifendruck

Reifendruck kalt – normales Fahren	Ohne Beifahrer	Mit Beifahrer
– Vorne	225 kPa / 2,25 atü	225 kPa / 2,25 atü
– Hinten	250 kPa / 2,50 atü	280 kPa / 2,80 atü

Kraftstoff, Öl und Kühlmittel

Kraftstofftyp	Das Benzin sollte mindestens eine Oktanzahl von 85 bis 95 Oktan haben. Verwendung von bleifreiem oder bleiarmem Benzin wird empfohlen
Kraftstofftank einschliesslich Reserve	19 Liter
Reserve	4 Liter
Motoröltyp	SAE 10 W/40, API SE oder SF
Motorölfüllmenge:	
– Ölwechsel	2400 ml
– Filterwechsel	2800 ml
– Überholen	3300 ml
Vordergabelöltyp	Gabelöl # 10
Vordergabelölmenge (pro Holm)	392 ml
Endgetrieböltyp	SAE 90 Hypoidgetriebeöl mit GL-5 unter API-Klassifizierung
Endgetriebeölfüllmenge	200 – 220 ml
Bremsflüssigkeitstyp	DOT 4
Kühlmittelfüllmenge	1700 ml

Thermostat, Radiator und Ventilator

Thermostatventil-Öffnungstemperatur	75 ± 1,5° C
Thermostatventilhub	Über 6 mm bei 90° C
Radiatordeckelventil-Ablassdruck	1,1 ± 0,15 atü
Ventilatorthermoschalter-Schalttemperatur:	
– Ein	ca. 105° C
– Aus	ca. 100° C

MASS- und EINSTELL-DATEN

20 Anzugsmomente

Motor

Zylinderkopfdeckelschraube:	
– M 6	9 – 11 Nm
– M 8	21 – 25 Nm
Zylinderkopfschraube und -mutter:	
– M 10	35 – 40 Nm
– M 8	8 – 12 Nm
– M 6	9 – 11 Nm
Primärantriebszahnradschraube	80 – 110 Nm
Kupplungstrommelnabenmutter	50 – 70 Nm
Kipphebelschraube	25 – 30 Nm
Kettenführungsschraube	8 – 12 Nm
Kettenspannerschraube	8 – 12 Nm
Nockenwellenritzelschraube	14 – 16 Nm
Ventilspieleinsteller-Gegenmutter	13 – 16 Nm
Kurbelgehäuseschraube:	
– M 6	9 – 13 Nm
– M 8	20 – 24 Nm
Sekundärgetriebegehäuseschraube	20 – 24 Nm
Ölspeisungsverschlussschraube:	
– M 6	4 – 7 Nm
– M 8	8 – 12 Nm
– M 10	12 – 18 Nm
– M 14	20 – 25 Nm
– M 16	20 – 25 Nm
Ölschlauchklemmschraube	8 – 12 Nm
Generatordeckelloch-Verschlussschraube	12 – 18 Nm
Inspektionsschraube für OT	20 – 25 Nm
Ölablassschraube	18 – 23 Nm
Ölpumpenschraube	9 – 13 Nm
Ölablassventil	25 – 30 Nm
Ölfilterverschraubung	12 – 18 Nm
Motormontageschraube:	
– M 8, L 135	37 – 45 Nm
– M 8, L 150	37 – 45 Nm
– M 10, L 130	70 – 88 Nm
– M 10, L 170	70 – 88 Nm
Antriebswellenschraube	60 – 70 Nm
Sekundärgetriebe-Antriebswellenmutter	80 – 110 Nm
Generatorrotorschraube	140 – 160 Nm
Rahmenmontageschraube	40 – 60 Nm
Motormontagebügelschraube:	
– M 8	18 – 28 Nm
– M 6	8 – 12 Nm
Pleuelstangenmutter	49 – 53 Nm

Kühlung

Radiatormontageschraube M 10	50 – 65 Nm
Ventilatorschalter	9 – 14 Nm
Temperaturmessgeber	10 – 15 Nm

Wellenantrieb

Sekundärgetriebe-Antriebskegelradgehäuseschraube	18 – 28 Nm
Sekundärgetriebe-Abtriebskegelradgehäuseschraube	18 – 28 Nm
Endgetriebe-Antriebskegelradwellenmutter	90 – 110 Nm
Endgetriebe-Antriebskegelradlagerhalterbüchse	90 – 120 Nm
Endgetriebe-Abtriebskegelradlagerhalterschraube	8 – 10 Nm
Endgetriebe-Lagerflanschschraube	20 – 26 Nm

Fahrgestell

Lenkschaftkopfmutter	50 – 80 Nm
Obere Teleskopgabelspannschraube	18 – 28 Nm
Untere Teleskopgabelspannschraube	18 – 28 Nm
Vorderachse	36 – 52 Nm
Vorderachsklemmschraube	18 – 28 Nm
Lenkstangenklemmschraube	18 – 28 Nm
Lenkerhalter-Befestigungsmutter	20 – 30 Nm
Vorderradhauptbremszylinder-Befestigungsschraube	5 – 8 Nm
Vorderradbremssattelgehäuseschraube	30 – 48 Nm
Bremsschlauchverbindungsschraube	15 – 20 Nm
Entlüftungsventil	6 – 9 Nm
Vordere und hintere Scheibenschraube	18 – 28 Nm
Befestigungsschraube des vorderen Fussrastenhalters	27 – 43 Nm
Schwingenzapfenmutter	100 – 130 Nm
Obere/untere Stossdämpfer-Befestigungsmutter	22 – 35 Nm
Bremspedal-Zapfenschraube	18 – 28 Nm
Hinterradbremssattel-Befestigungsschraube	20 – 31 Nm
Hinterradbremssattelgehäuseschraube	30 – 36 Nm
Bremsmomentstrebenmutter (vorne und hinten)	22 – 35 Nm
Hinterradhauptbremszylinder-Befestigungsschraube	8 – 12 Nm
Bremsstangen-Gegenmutter	15 – 20 Nm
Hinterachsmutter	60 – 96 Nm
Endgetriebegehäuse-Verbindungsmutter	35 – 45 Nm

Anzugsmomenttabelle

Für oben nicht aufgeführte Schrauben und Muttern, auf diese Tabelle Bezug nehmen

Schraubendurchmesser Ⓐ	Herkömmliche oder mit «4» markierte Schraube	Mit «7» markierte Schraube
4 mm	1,0 – 2,2 Nm	1,5 – 3,0 Nm

5 mm	2,0 – 4,0 Nm	3,0 – 6,0 Nm
6 mm	4,0 – 7,0 Nm	8,0 – 12,0 Nm
8 mm	10,0 – 16,0 Nm	18,0 – 28,0 Nm
10 mm	22,0 – 35,0 Nm	40,0 – 60,0 Nm
12 mm	35,0 – 55,0 Nm	70,0 – 100,0 Nm
14 mm	50,0 – 80,0 Nm	110,0 – 160,0 Nm
16 mm	80,0 – 130,0 Nm	170,0 – 250,0 Nm
18 mm	130,0 – 190,0 Nm	200,0 – 280,0 Nm

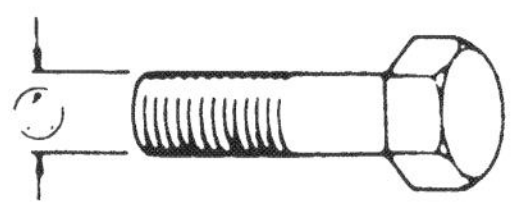

Normale Schraube

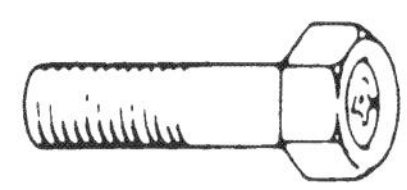

Mit «4» markierte Schraube

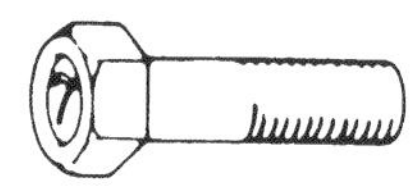

Mit «7» markierte Schraube

21 Stromlaufplan

KABELFARBEN

B	=	Schwarz
Bl	=	Blau
Br	=	Braun
G	=	Grün
Gr	=	Grau
Lbl	=	Hellblau
Lg	=	Hellgrün
O	=	Orange
R	=	Rot
W	=	Weiss
Y	=	Gelb
B/Br	=	Schwarz mit braunem Faden
B/G	=	Schwarz mit grünem Faden
B/R	=	Schwarz mit rotem Faden
B/W	=	Schwarz mit weissem Faden
B/Y	=	Schwarz mit gelbem Faden
Bl/W	=	Blau mit schwarzem Faden
G/Y	=	Grün mit gelbem Faden
O/B	=	Orange mit schwarzem Faden
O/Bl	=	Orange mit blauem Faden
O/G	=	Orange mit grünem Faden
O/R	=	Orange mit rotem Faden
O/W	=	Orange mit weissem Faden
O/Y	=	Orange mit gelbem Faden
R/W	=	Rot mit weissem Faden
W/B	=	Weiss mit schwarzem Faden
Y/G	=	Gelb mit grünem Faden

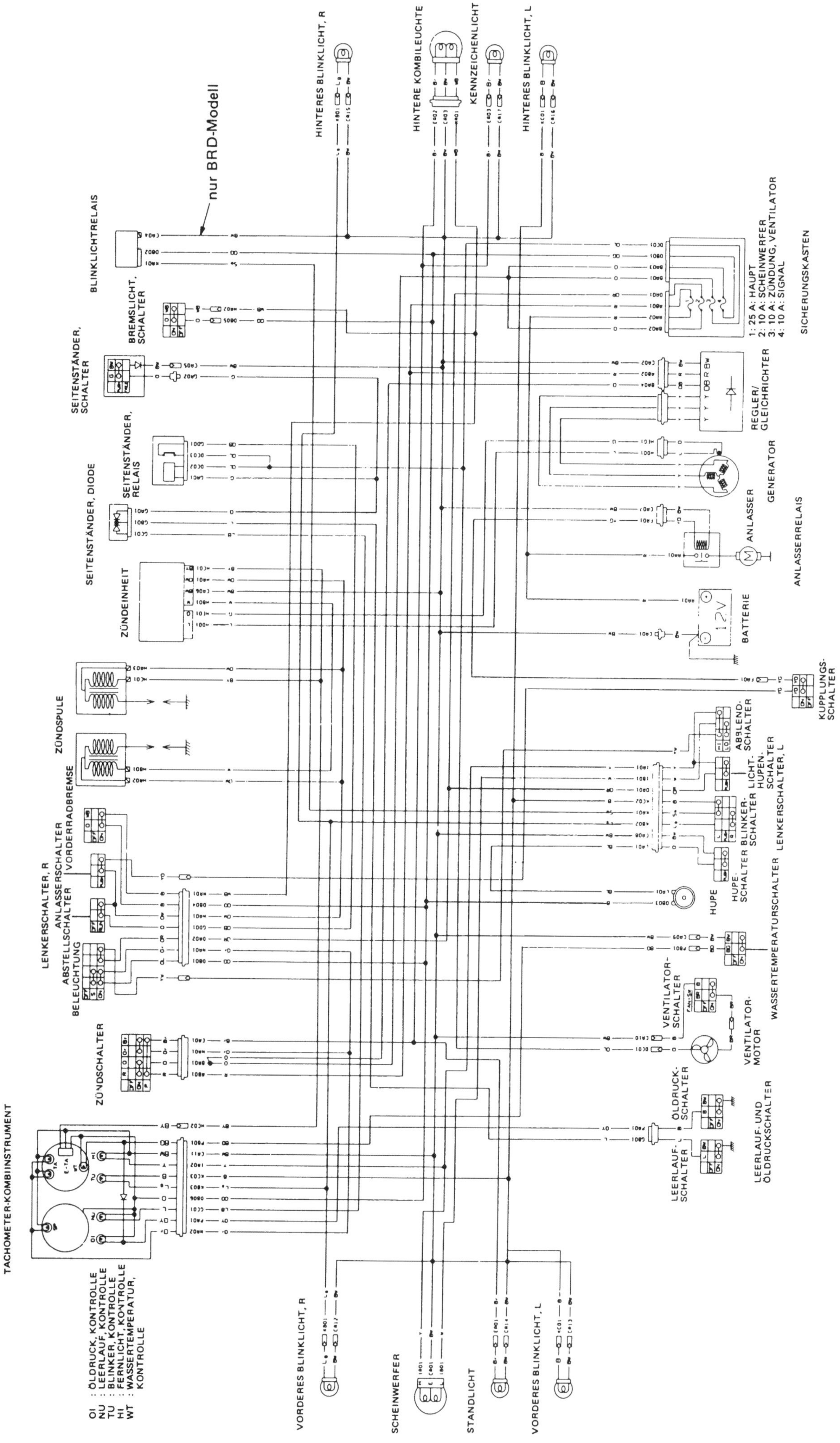
nur BRD-Modell
HINTERES BLINKLICHT, R
HINTERE KOMBILEUCHTE
KENNZEICHENLICHT
HINTERES BLINKLICHT, L
BLINKLICHTRELAIS
BREMSLICHT-SCHALTER
SEITENSTÄNDER-SCHALTER
SEITENSTÄNDER-RELAIS
SEITENSTÄNDER, DIODE
ZÜNDEINHEIT
ZÜNDSPULE
VORDERRADBREMSE-SCHALTER
ANLASSERSCHALTER
LENKERSCHALTER, R
ABSTELLSCHALTER
BELEUCHTUNG
ZÜNDSCHALTER
TACHOMETER-KOMBIINSTRUMENT
OI : ÖLDRUCK, KONTROLLE
NU : LEERLAUF, KONTROLLE
TU : BLINKER, KONTROLLE
HI : FERNLICHT, KONTROLLE
WT : WASSERTEMPERATUR, KONTROLLE
VORDERES BLINKLICHT, R
SCHEINWERFER
STANDLICHT
VORDERES BLINKLICHT, L
SICHERUNGSKASTEN
1: 25 A: HAUPT
2: 10 A: SCHEINWERFER
3: 10 A: ZÜNDUNG, VENTILATOR
4: 10 A: SIGNAL
REGLER/GLEICHRICHTER
GENERATOR
ANLASSER
ANLASSERRELAIS
12V
BATTERIE
KUPPLUNGS-SCHALTER
ABBLEND-SCHALTER
LICHT-HUPEN-SCHALTER
BLINKER-SCHALTER
HUPE-SCHALTER
LENKERSCHALTER, L
HUPE
WASSERTEMPERATURSCHALTER
VENTILATOR-SCHALTER
VENTILATOR-MOTOR
ÖLDRUCK-SCHALTER
LEERLAUF-SCHALTER
LEERLAUF- UND ÖLDRUCKSCHALTER

FSC
www.fsc.org
MIX
Papier | Fördert gute Waldnutzung
FSC® C083411

Kolibri 360 GmbH
Ferdinand-Jühlke-Straße 7
99095 Erfurt, Deutschland
produktsicherheit@kolibri360.de

Druck:
CPI Druckdienstleistungen GmbH
im Auftrag der
Kolibri 360 GmbH
Ferdinand-Jühlke-Str. 7
99095 Erfurt